STORAGE
COMPLETE GUIDE

收纳
完全指南

收纳Play编辑部　著

后浪

江西人民出版社
Jiangxi People's Publishing House
全国百佳出版社

CONTENTS

Part 2 厨房及餐厅 30

Part 3 浴室 76

Part 4 卧室及衣柜 96

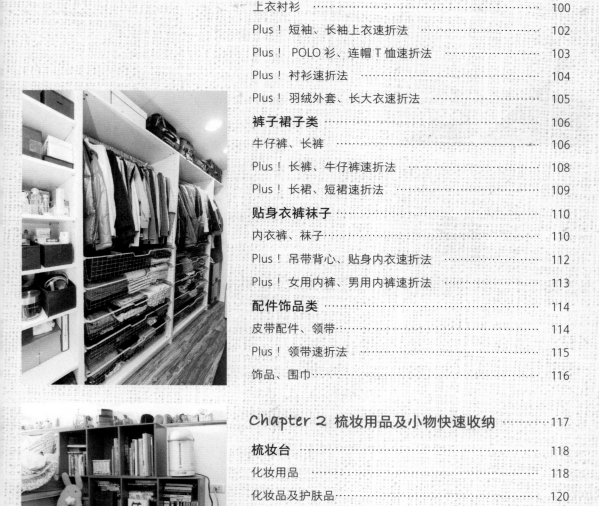

Entrance&Living room

Part 1
玄关及客厅

玄关、客厅是一个家的入口处，也是给予客人第一印象的地方，

特别是玄关地面要保持干净，可利用增量配件收纳整理鞋柜，

让此区域变得宽敞明亮；客厅里的物品则需设置固定位置，

形成习惯性的归位动作，并使用隐藏方式来收纳。

玄关客厅收纳原则速学

为出门前会携带的物品设置专属摆放区

许多人在出门之前，才开始慌忙寻找钥匙、缴费单、购物袋……没有良好的收纳习惯，会导致出门的时间延迟。利用鞋柜上方空间或大门门板，设立一个小收纳区吧，用来放置钥匙或快到期的缴费单，这样做既有提醒作用，也能简单地训练归位习惯，以后不用再急忙出门。

按高度区分不同使用者的鞋子，并增量收纳

鞋柜空间是不少人有收纳困扰的地方，里面的鞋除了数量多，种类也多，时常爆量。不妨将家人们的鞋分类，例如将童鞋放在符合小孩身高的鞋柜最下方，把不方便弯腰的老年人的鞋放在鞋柜中上层等。把每位家人的鞋分格整理，借此规范每个人使用的区域。如果鞋多，可通过加装伸缩杆或增量鞋架来增加鞋柜容量。此外，定期淘汰旧鞋也是十分重要的，以避免鞋柜总有不好的气味。

在茶几区或附近设置收纳容器

茶几或桌面总会有书籍杂志、生活物品，或家电配件、电线、家电说明书等，可利用小抽屉或分格盒、分隔片来整理这些小物品；为常阅读的书报设立一个放置处，像是箱子、藤盒、收纳架等都可以，以避免客厅在视觉上带来杂乱感。

Chapter 1

玄关及客厅物品快速收纳

玄关、客厅的物品种类虽不复杂，但习惯一进门就随手乱丢东西、鞋子的人不少，这就导致玄关通道、茶几区域的杂物堆了一堆。看完此章内容，你也能轻松打造宽敞清爽的玄关及客厅空间。

鞋柜、大门区

　　鞋柜的内、外，甚至玄关大门都是能做收纳的地方，鞋柜里加装增量鞋架或伸缩杆、外面则用可立体吊挂的配件来增加收纳量；鞋柜上方放置小盒、小篮子，或在大门背后打造收纳区，分类放置出门时会用到的随身物品。如果鞋子量太多，也可以将鞋盒当作收纳盒堆叠起来。

外出鞋

增量鞋架

想为鞋柜分层，可以使用这种常见的增量用鞋架，收纳量一下子变两倍。

不管是有门鞋柜或是开放式鞋柜，都能加装增量鞋架，帮助鞋柜做分格。

鞋盒

鞋子太多不好收纳，不妨保留鞋盒，并在外面贴上图案，辨认起来快速又方便。

伸缩杆

鞋柜中加装伸缩杆，以前低后高的方式运用上层空间，收纳轻巧的鞋子。

如果是有跟的鞋子则不适合使用增量鞋架，可加装伸缩杆，这种挂放方式能够收纳两层鞋子。

拖鞋

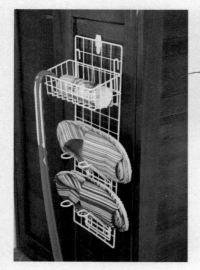

这样做也利于将鞋柜的相关用品（例如鞋油、鞋拔、芳香剂）放在一起，打造专属区。

伸缩杆

玄关处若有小块墙面，可以考虑加装经济实惠的伸缩杆，同时收纳多双拖鞋。

网片加挂篮

利用鞋柜门板做增量收纳，可以买市售的架子，或者用网片加挂篮自己组装一个增量容器，用来放杂物或拖鞋，方便拿取。

毛巾杆

选用吸力特别强的吸盘毛巾杆加收纳篮，装在房间门后或玄关处收纳室内拖鞋。

在每个房间都能加装这种类型的吸盘小毛巾杆，将拖鞋独立收纳起来。

藤篮

若有专门在客厅使用的室内拖鞋，不妨利用鞋柜下方空间，摆个藤篮来收纳。

雨伞和包

门用挂钩

常用到的包，不妨挂在门用挂钩上收纳，成排立体吊挂，丝毫不占空间。

门板挂钩

在鞋柜门内或玄关门后放置几个小型的门板用挂钩，收纳折叠伞。

毛巾杆

在玄关门口处加装毛巾杆，收纳长短不同的伞，便于出门前顺手拿取。

除了挂放雨伞，也可使用多个S钩，吊挂雨衣雨具、随身包等。

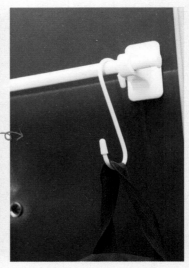

使用黏式毛巾杆和挂钩，就能将包吊挂收纳在门后。

钥匙

藤篮

将藤篮装设在门后、门边，打造一处钥匙的暂时摆放区。

若门板上不适合吊挂，就把钥匙全部放在一起，直接放置在电话边桌上或大门边。

挂架

运用小挂架也很方便，不仅能让钥匙不再散落各处，也能在回家时顺手挂放收纳。

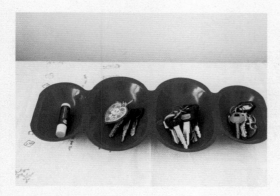

收纳盒

钥匙数量多的话，用有格子的收纳盒做一次清楚的归类整理。

木头碗架

有的木头碗架可以拆开使用，可以将其中一排当作大门后的挂架，收纳钥匙和小物。

信件、广告单

木盒

快到期的缴费单统一收纳在长型木盒中，放置在玄关处或鞋柜上。

藤篮

杜绝你总是出门前才找缴费单的坏习惯，用藤篮设立顺手的放置区。

毛巾杆加网篮

在玄关门上设立缴费单专区，用毛巾杆加上网篮就能轻松打造。

多格收纳袋

单据、信件比较多的话，建议改用多格收纳袋来分类放置。

木头碗架

将木头碗架直立起来，粘贴在鞋柜上方或大门附近，用来收纳信件、广告单等十分便利。

Tips

信件、收据、水电缴费单、广告单等文书资料种类杂且数量多，为了避免遗失重要资料或超过缴费期限，最好分类整理，定期检查淘汰，并用小型收纳盒收纳，也可以设立专区，整齐收纳的同时，也便于翻找。

沙发茶几区

为了能更充分地休息，沙发区域得特别干净，不要堆放任何杂物。可利用茶几的周边空间来收纳物品，例如茶几下方、茶几侧边、沙发扶手侧边等，都是能够进行收纳的好地方，但要注意加装配件分类整理，避免随手乱堆乱塞的窘境。

遥控器

多层小柜
遥控器太多，常面临到处翻找的窘境，可用透明小柜统一收纳，放在顺手处。

多格收纳袋
容易被随手乱放的遥控器，可以用沙发扶手专用的遥控器收纳袋辅助归位。

塑料篮
将附有吸盘的平价塑料篮装在无扶手的木椅侧边，就成了收纳遥控器的好地方。

书籍杂志

网片

用网片组合出收纳盒，为累积到一定数量的过期杂志设置一个专属淘汰区。

纸箱

设置欲淘汰杂志书报的暂置区域时，可以选用瓦楞纸箱，不仅十分耐重，而且好堆叠、易移动。

红酒箱

特别耐重的红酒箱很适合用来收纳数量多又厚重的书籍，方便放置。

藤篮

用比较小型的藤篮收纳书报杂志时，可以将其置于茶几下，顺手就能取阅。

藤篮加棉线

看完的杂志书报老是随手摆在茶几上，可以在藤篮中间绑上一根棉线，以此做分隔，就能将杂志收纳在固定区域而不会散乱。

电视柜及橱柜

妥善利用客厅里的电视柜空间或成排的大柜子，来收纳数量多的生活物品。使用隐藏式收纳法，让物品不堆放在茶几桌面或客厅地面。而且，为了让摆放在柜子里的物品更整齐，可利用小型收纳用品来辅助整理，让柜子里面整齐不杂乱。

家电配件、视听光碟

收纳盒

为容易找不到的遥控器设立一个"家"，将不同电器的遥控器全部收纳在一起。

藤篮

电视柜附近可设立小块区域收纳物品，避免随意乱堆杂物。

小格收纳盒

电视柜或茶几抽屉里会放的备用电池，一经拆封就容易散乱，可用小格收纳盒来整理。

分隔片

电器附带的说明书，总会累积不少从而不好翻找，可以用分隔片在抽屉中划分区域，这样就能分类收纳说明书了。

纸盒

用多个纸盒小抽屉将不同电器的电线分格收纳起来，不要乱缠乱绕，以免损坏铜丝。

木盒

也可以用多个长型木盒把电线统一收纳在插座附近，充电使用时会很方便。

Entrance&Living room

好创意！玄关客厅收纳实践术

极具巧思的五个玄关、客厅收纳案例，
告诉你达人们如何有创意地打造亮眼玄关、清爽客厅。

乡村杂货风的玄关巧收纳

创意收纳达人 🏠 欧美加

利用女孩都喜欢的可爱杂货和乡村风物件，再加上个人巧思打造收纳空间，例如使用手作藤篮、收纳架、柜子里的收纳区等，乡村风玄关就这样美丽成形，带来不同的居家面貌。

摄影 / 王正毅

Idea 1

喜爱收集纸盒的欧美加，会将大小相同的纸盒并排摆放，分区收纳。

Idea 2

经常有朋友来家中拜访，所以拖鞋无须摆放在柜子里，改用藤篮收纳。

Idea 3

利用垂直空间叠起来，妥善运用客厅柜子空间收纳。

Idea 4

用附带照片的方式收纳鞋子，就算放在盒中也一目了然。

玄关客厅空间合体大活用

创意收纳达人 贵妇奈奈

具有超高人气的博客作家贵妇奈奈对于收纳很有自己的想法，特别选用了白色为基调，将玄关鞋子和客厅物品同时清爽收纳起来，此外，客厅中的一处既是她的工作桌又是化妆台，因此要充分活用空间及收纳用品，营造宽敞居家。

摄影 / 王正毅

Idea 1

Idea 2

贵妇奈奈的工作桌兼化妆台，侧边和抽屉内都巧妙地进行了整理，用多格收纳袋或收纳盒来收纳物品。

Idea 3

工作桌的下方空间是隐藏式收纳的好地方，用文件箱来收纳大量的工作资料。

Idea 4

利用一组鞋柜加上IKEA鞋盒，就能完美地一次整理出常穿的鞋子，提升玄关空间整齐度。

极简北欧风的客厅收纳术

创意收纳达人 🏠 Rainbow

　　极简北欧风是许多年轻夫妻布置新居的选项之一，明亮、简约的居家风格总能令人百看不厌。女主人 Rainbow 的巧手布置、清爽墙面、家具选色，以及细心收纳的物品，共同打造出了整齐又极具北欧风格的温馨客厅。

摄影 / 王正毅

Idea 1

为了保持客厅的整齐清爽，这里放置的东西其实并不多，用自然风藤篮做简单收纳即可。

Idea 2

选用温润的木头收纳柜搭配奶油黄的暖色墙面，让空间富有感性温度。

Idea 3

储物柜的两侧空间是夫妇二人的鞋柜，用同系列鞋盒收纳鞋子，便于堆叠。

Idea 4

整体柜的好处之一就是能调整层板高度，预留出最下方的区域收纳靴子等。

活用层架墙面的收纳布置力

创意收纳达人 🌸Fion

　　想让屋子在具风格感之余兼具收纳实用性其实并不难，让 Fion 教你如何使用层板、挂架，在墙面上增加收纳用的配件，轻松获得打造唯美乡村风居家的收纳布置力，让玄关、客厅空间变得既有活泼感，又能有效利用空间。

摄影 / 王正毅

层板、置物架不仅可以收纳物品，也是很好的空间布置元素。

墙壁上安装挂架，将外出用的帽子、购物袋或衣物等放在一起，出门时就不会匆匆忙忙的了。

鞋柜上的高脚盘，把随手拿取的小物暂时放在这里很方便。

墙上装一个小钥匙柜，不怕钥匙乱放总是找不到。小木柜装在红砖墙上，更能突显乡村气息。

把照片、记事板等挂在墙上，让收纳与布置融为一体。墙壁有这些小元素点缀后，不再只是单调的白色，整个空间也随之变得活泼起来。

找一块软木板当记事板，把照片、可爱的小图样、缎带等钉在一起，生活中的每个片刻都能被美好地收藏起来。

木盒是不可缺少的乡村风布置元素，用来收纳彩笔等文具以及小物品都非常好用。

简单改造一下盖子，原本模样普通的玻璃罐就变成可爱的收纳罐了。把手作用到的缎带、小布标等收在罐子里，透明的罐子能让小东西更好找。

Idea 9

木质家具优雅的线纹刻饰，搭配原木色的地板，让空间看起来更温暖舒适。活动式的柜板平时可关上，不用担心柜子里的电视等物品沾染灰尘。

Idea 10

木相框、小木架、锻铁制的小架子等都是充满乡村风气息的小杂货，适当摆放就能简单营造出乡村风格的质朴舒适感。

Idea 11

杯子、瓶罐既是乡村风杂货，也是好用的收纳用品。大玻璃罐可收纳刀、叉、汤匙等，利用现有物件收纳更节省空间。

Idea 12

小木架是喜欢乡村风布置的人都要有的单品，架子上可以摆放小盆栽、收纳盒等，布置起来特别有气氛。

隐藏式收纳，打造清爽客厅

创意收纳达人 🏠 Lisa

　　Lisa 的客厅空间里最重要的收纳主题之一，就是将居家物品都隐藏收纳起来，这样做视觉上就能立即呈现出极其清爽的感觉；同时在抽屉中放入箱盒，将生活物品准确分类，才能提升收纳效率。

摄影 / 陈熙伦

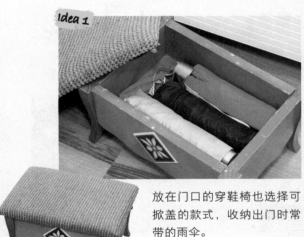

放在门口的穿鞋椅也选择可掀盖的款式，收纳出门时常带的雨伞。

每件物品都有自己的收纳规划，孩子的袜子就放在玄关的边柜内。

大人的袜子则放在高处的玄关抽屉柜中。

各式各样的居家卫生用品统一放在抽屉中收纳。

Idea 5

小零件可用喝完补品的玻璃罐收纳，
内容物一清二楚。

Idea 6

各种家电线材、电线、传输线、充电器都放入
边柜收纳。

Idea 7

小包装的外出用品和携带
用的药品，利用藤篮和玻
璃瓶罐分隔收纳。

Idea 8

让高跟鞋交错摆放，才能节省鞋柜里的空间。

Kitchen

Part 2

厨房及餐厅

厨房收纳的首要重点是顺手好拿、一目了然，

因为烹调时会使用种类繁多的厨具，

因此，清楚明白的摆放陈列才方便自己记忆位置，

烹调时才能够省力好找。

厨房及餐厅收纳原则速学

活用收纳用品，分类整理橱柜物品和食品

　　许多人家中的厨房柜子太深或是太高，放置物品时，随意地乱塞容易让物品一直被堆到深处，进而被遗忘。不妨在其中放置透明或方便辨认的收纳盒，将厨房用品或食品分类整理好，外面做上标识，这样一来，即使橱柜过深或过高，收纳物品时也容易辨认、方便记忆。

流理台下方只能放置不怕潮的物品

　　厨房流理台下方由于有水管，特别容易产生潮气，也易吸引蟑螂等虫子，因此这个区域要尽量少放东西，只放置清洁用品、用具；避免放置干货、零食、泡面或其他易受潮的食品、物品，这样才不会致使食物变质，影响食品安全。

厨具、餐具也需定期断舍离

　　收纳厨具、餐具前，除了事先彻底清洗外，也需定期断舍离，淘汰不适用的餐具器皿，这样才不会影响食品安全。长期使用的餐具器皿或杯子、筷子，甚至是厨具、刀具，由于常接触食物中的油分和水分，容易在底部或缝隙中积攒污垢，因此要定期淘汰、替换，这样就不会出现橱柜里放了许多不曾用过的器皿，而常用器皿又无处可放的情况。

让冰箱保有充分呼吸的空间

　　不少人把冰箱当作仓库来使用，总是在里面放了许多忘记吃或买太多的食材食品，甚至会放很多不适合放进冰箱的东西，久而久之，冰箱就出现了异味，而且有一堆放到过期的爆量食材食品。为了避免这种情况，应该让冰箱里的食材食品都清晰可见，因此数量就要少，吃完之前再采买，不要将冰箱变成万年冰库。

厨房及餐厅物品快速收纳

厨房里，主要包含流理台区、橱柜、冰箱区三大块区域，依循不同的收纳准则进行整理，才能真正省力又方便地下厨。

流理台区

　　和料理台面相连的流理台周边的收纳十分重要，为了让烹调更加顺手、方便、省事，建议利用瓶罐、箱盒来收纳餐具、器皿。而厨具、锅具等比较大型的厨房物品，不妨采用立体收纳的方式，成排吊挂在厨房墙面上，让拿取和归位更加容易。

常用碗盘餐具

沥干架

体积小、不太占空间的沥干架，可以用来收纳咖啡碟或点心盘。

珐琅罐

在厨房流理台前加装毛巾杆以及珐琅罐，刚洗好的餐具可以暂置于此。

马克杯

使用颜色、图案多样化的马克杯，放置小型的餐具，收纳的同时兼具布置效果。

选用比较高的杯子，就能收纳筷子类餐具，拿取、使用或移动都很便利。

保丽龙空心砖

利用保丽龙空心砖的中间部分，插上各种汤匙、叉子进行创意收纳。

收纳架

平价商店都有售的收纳架也有不少用法，下方横放碟子，上方直立收纳。

或者下方横放碟子，上方放置小碗，可同时收纳不同器皿。

细长收纳盒

拼装组合的细长收纳盒，为橱柜抽屉做分隔，收纳不同种类的餐具。

除了筷子、汤匙等餐具，多余的空间也能用来收纳细长的小厨具。

Tips

盛装食物、食材的碗盘是易碎品，因此收纳时要费点心思，使用素材来分类整理。收纳时，尺寸、深度差不多的碗盘摆放在一起，才方便整体堆叠；而餐具类只需稍做分类，再放入瓶罐或收纳盒里就不怕乱了。

常用杯子

分隔片

杯子放在橱柜抽屉里容易滑动、翻倒，可以用分隔片简易固定收纳。

挂钩

常用的杯子加上S钩，吊挂在热水瓶或水壶附近，方便取用。

网片加挂架

善用网片与挂架，在橱柜侧面打造立体收纳区，放置马克杯。

挂架

粘贴式的小型挂架，可以置于层板下方，吊挂常用杯子。

文件架

办公室常见的双层文件架，用来当作杯碗的暂置区域。

Tips

杯子和碗盘一样，属于易碎物品，要大量堆叠收纳时，建议用有把手的收纳篮来做整理摆放；如果要独立收纳在厨房抽屉中，则需分格固定，底层加铺防滑垫会更稳固。

厨用小物

收纳架

附有强力吸盘的收纳架，方便装设在厨房各处，能将不同厨房用品收纳好。

木头挂架

橡皮筋、开罐器等可吊挂的厨房小物品就用挂架收纳在一起。

分隔架

分隔架可以当作砧板的暂置区，使用后，清洁干净，放置风干。

木头碗架

摆在厨房当餐盘架，直立放置常用的碗盘和砧板，不易倾倒。

毛巾杆

在水槽边加装毛巾杆，便于撑住薄薄的砧板，清洗后就能快速风干。

吸盘收纳架

清洁用具若没有彻底干燥，就容易滋生霉菌，可在流理台边加装吸盘收纳架，统一放置沥干。

厨具及锅具、锅盖

毛巾杆

只需在厨房墙面上加装有强力吸盘的毛巾杆，就能增加挂放厨具的立体空间。

平价的小型毛巾杆则可加装在侧边墙面上，收纳少部分厨具，顺手好用。

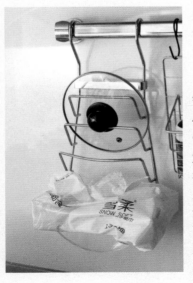

锅盖架

做饭时，锅盖常找不到地方放，只需在横杆上挂一个锅盖架就能解决这一问题，还可用来放置厨房纸巾，很方便。

书挡

大型书挡是很棒的分隔架，可以收纳扁平形的锅，放在台面上或柜子里都很好用。

收纳架

小型收纳架，可以将尺寸类似的锅盖一个一个摆放好，同时定位收纳。

网片加挂钩

网片加S钩，能让收纳变得更丰富，可以一起收纳厨具和酱料、厨房小物等。

网片加挂钩

选用面积大一些的网片，还能加装锅盖架，让收纳更多元、方便。

将市售的各种挂架和网片随意搭配起来，做菜时就能有个稳固收纳锅盖的暂置区了。

网片和挂钩组合方便，可以装设在厨房里的任一墙面上，整齐收纳烹调用具。

Tips

将书挡的一面倒下放，收纳锅具时就能让锅的把手向着使用者，拿取起来很方便。

清洁用品、购物袋

网片加挂钩

除了在流理台下方收纳清洁用品外，也可以用网片和挂钩在流理台侧壁设置吊挂区，存放清洁用具。

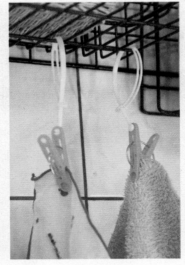

晒衣夹

在网架下方挂上附带挂圈的晒衣夹，吊挂洗好的干净抹布。

门用挂钩

小型门用挂钩也能用来当作收纳抹布的小工具，装在抽屉外面，使用起来很顺手。

伸缩杆

洗好的抹布也需妥善收纳，可以用伸缩杆在水槽边做一个风干吊挂区。

厨房流理台下方的柜子里可以加装伸缩杆，便于立体收纳清洁剂。

毛巾架

如果是可黏式或附孔洞可固定的毛巾架，可加装在水槽边，洗完抹布顺手晾干。

收纳架

专为流理台下方设计的收纳架，刚好避开水管，同时为橱柜分层，收纳清洁用品。

挂架

洗碗或清洁台面时，最重要的是用具要顺手、好拿，因此，可用附强力吸盘的收纳架设置收纳专区。

分隔架

或者可以使用平价的分隔架，在橱柜里分层收纳不同类型的清洁用品。

晒衣夹

体积小又轻巧的挂钩式晒衣夹，能帮你在水龙头边吊挂洗碗布，好拿取又方便沥干。

玻璃瓶

用多个小玻璃杯存放已经卷折好的软质购物袋，美观又整齐。

酱料罐

网片加挂架

在燃气炉台边，用网片加上挂架的装置收纳各类调味品。

设立调味品、酱料瓶的摆放区，不仅烹调更顺手，也能避免油渍留在台面上。

木盒

如果是餐桌上的酱料罐收纳，则可利用浅型木盒来辅助整理，全部收纳在一起。

饮料收纳架

收纳架旁边还能放置汤匙，方便顺手挖取酱料。

橱柜或餐厅柜子

厨房里有各种使用率极高的物品，还有许多食材，而且家人每天多少会进出厨房，常常取用各种物品又放回，如果没有良好的收纳体系，厨房会很容易变得凌乱。因此，橱柜里的收纳、定位就很重要，可以利用收纳盒、收纳篮分类整理数量众多的物品，最好再加上便于辨认的标签。

厨具及锅具、锅盖

分隔杆

许多人家中的橱柜会有这类分隔杆的设计，可依照锅具高度前后调整。

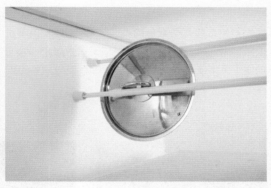

伸缩杆

橱柜若有多余空间，不妨加装伸缩杆，自己打造立体收纳锅盖的位置。

粘贴式挂架

在橱柜门板上装设成排的粘贴式挂架，完美地一次收纳长度不一的厨具。

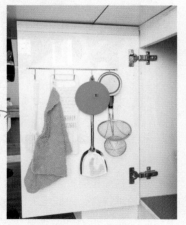

除了长型厨具，小块抹布也能收纳在橱柜下方，立体吊挂，方便晾干。

Tips

烹调用的厨具种类多又长短不一致，建议在厨房里设置立体收纳区，或用较高的容器将其统一整理在一起。此外，锅具附带的锅盖也有尺寸不一的问题，同样建议立体摆放，才能不占空间。

碗盘餐具

木头碗架

在橱柜里多摆几个木头碗架，不仅能将同系列的盘子收纳在一起，还便于整体移动。

分隔架

只要利用平价的分隔架在橱柜内分隔出小空间，就能堆叠餐具，是最简单的空间活用法。

网片加伸缩杆

在橱柜中，用网片加伸缩杆打造分层收纳装置，比整摞堆叠更便于取用。

分隔架、文件箱

一般放文书资料的箱子也能收纳小盘子；而分隔架能上下分层收纳不同器皿。

收纳架

直接装设在橱柜层板上，利用缝隙空间收纳浅盘，还能用来挂放杯子。

文件箱

小型的文件箱可以当作收纳分隔盒，即使餐具数量多也不怕，照样能全部整理好。

收纳盒

用碗架、收纳盒将各类餐具分开收纳,但要摆放在同一处,这样要用的时候就可以一次拿齐。

收纳篮

为有限的橱柜空间提升整齐度,归位和拿取都轻松顺手。

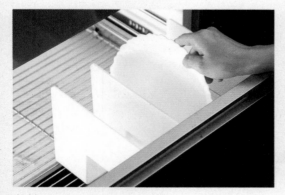

书挡

书挡能用来分隔橱柜抽屉内的空间,让盘子都直立摆放,便于取用。

红酒箱

成套的美丽餐盘可以用承重好、易移动的红酒箱收纳在柜子中。

杯子

为橱柜层板设计的收纳架，便于收纳多个玻璃高脚杯而不倾倒。

塑料篮

马克杯、玻璃杯都颇有重量，可以收纳在附把手的塑料篮中，不仅方便移动，还能让橱柜看上去更整齐。

橱柜用收纳架

可装设在柜子里任意位置的收纳架，能使成套的玻璃高脚杯拿取起来更顺手。

伸缩杆

在橱柜中加装平价伸缩杆来代替挂架，也能立体收纳玻璃高脚杯。

收纳篮

放在柜子高处的餐具不好拿时，可以将其改放在有把手的收纳篮里，即可分格整理，又方便移动。

分隔架

在橱柜里对杯子碗盘做分格整理。杯口朝下倒放，不易倾倒。

厨用小物

吸盘架
小型的吸盘架附有挂钩，可以在厨房墙面上多放几个，分类挂放烹调用的器具。

S钩
体积小却很加分的收纳小帮手，可以用来在任何可挂放的地方收纳橡皮筋之类的物品。

伸缩杆
伸缩杆搭配S钩，收纳最常用的厨用小物品，陈列吊挂才好找。

网片加锅盖架
平价的网片和锅盖架组合在一起，挂在厨房墙面上，打造食谱阅读区。

保鲜盒、环保杯

书挡

将尺寸相同的保鲜盒分类，用不同颜色的书挡做分隔整理。这样一来，放在台面上或抽屉中时，才不易杂乱。

书挡有固定的作用，建议不要买太高的书挡，以免摆放时容易倾倒。

塑料盒

环保杯的数量一变多，就非常容易散乱在橱柜中，可以用塑料盒分类收纳。

塑料篮

把常用的保鲜盒做简单分类，用塑料篮来整理，增加橱柜里的整齐度。

Tips

保鲜盒、环保杯的重复使用率很高，而且都是用来装食物或汤类饮料，因此容易在边边角角或盖子缝隙处留下残渣或汁液。放进柜子收纳前，建议先彻底清洗，胶条若是可以拆卸，也需要清洁干净，以防藏污纳垢。

酱料罐

藤篮及分隔架

调味品太多的话，就统一放在一个区域。不妨用藤篮分类收纳，只要多用几个小型又轻巧的藤篮，就能将数量众多的调味品分类整理好。

将分隔架叠放起来收纳调味料，上层放置保鲜盒摆放辛香料，下层放酱料瓶。

收纳盒

颇有重量的酱料罐，可以放在收纳盒里，妥善收纳的同时，也便于整排拿取。

木盒

用多个小木盒，再绑上麻绳，就能将小瓶的调味品收纳在餐桌上或厨房里。

干货、零食

收纳盒

放置零食、干货的柜子或抽屉，可用不同尺寸的收纳盒来辅助整理。

高处橱柜内的整理，则建议使用同尺寸的收纳盒，在外面标出存放食材的名称即可。

高度不同的收纳盒，可和木板组成的收纳架合并使用，收纳干货、零食很容易。

瓶罐

干燥的香草类调料，可用不同大小的玻璃罐分类收纳，密封防潮。

各种中药材也可用这种方式来密封放置，避免较重的药材味道扩散。

Tips

全家人最爱的零食类，或是料理时常用的干货类，常会在拆封包装后被乱堆在柜子里或餐厅一角。乱糟糟的食物堆不仅会成为杂乱的源头，也容易引来蟑螂或蚂蚁。可以用收纳用品辅助分类这些食品，让柜子内变得更清爽，家人食用起来也更安心。

收纳篮加绳子

选用有孔洞的收纳篮，穿入绳子绑紧，作为分隔。

用来收纳零散小包的零食、冲泡包、干货等，十分方便。

把零散的食品聚集一起，收纳进橱柜中，整篮拿取很容易。

中型收纳篮

多买几个透明收纳篮，直放、横摆都好用，帮助提升厨房或餐厅柜子内的整齐度。

量贩店购入的大量零食、泡面或饼干，可以用中型收纳篮分装，让橱柜更整齐。

可堆叠的收纳篮，方便整理单包的泡面、饼干，不会零散在柜子内。

多格收纳袋

零散的冲泡包或速食汤包等逐一放在多格收纳袋中,不仅清楚可见,还能立体吊挂。

分隔架

用分隔架和几个塑料盒打造专属收纳区,同时摆放茶包、茶叶罐或各式各样的冲泡包。

多格收纳箱

多格收纳箱有助于分类收纳已拆封外包装的茶包、冲泡包,避免因乱堆而放到过期。

藤篮

用藤篮来统一整理奶粉罐,将已开封的和未开封的分区摆放。

零散又体积小的零食点心,顺手放入小藤篮,使其不会散乱在橱柜中。

多种类的冲泡包全部收纳在小藤篮中,设立一个习惯放置的区域。

保健食品、药品

收纳盒

多种类的药品不要混杂在一起，可以放在有分层的塑料盒中，根据不同性质清楚分类。

饮料收纳架

瓶装的药品、保健食品如果随手放在柜子里，很容易因乱堆而倾倒，可以利用饮料收纳架将其定位、分类。

塑料篮

同种类的药品、药盒用塑料收纳篮分类整理，不怕遗失不见。

你也可以这样做收纳！

觉得餐厅柜子空间不够用，或市售橱柜不符合你的使用需求？使用平价的三层柜打造合适的收纳区吧，只要加上分隔架、伸缩杆、木头碗架、各种类型的收纳篮，就能轻松将餐厅或厨房中的小物整理好，还能和厨房家电放在一起，使用起来更加顺手。

木头三层柜放在厨房，还能当作碗柜来使用，里面放置网架整理分类，更方便使用。

不止有一种用法的三层柜，还能混搭其他配件提升收纳可能性。

清洁用品、塑料袋

小文件箱

小文件箱可以用来分类收纳小型清洁用具的备用品，例如洗碗布、钢丝刷等。

收纳篮

使用不同类型的小收纳篮来整理清洁剂也很方便，附带把手，方便整篮移动。

纸盒

厨房清洁用具的备用品可以利用礼盒或纸盒分门别类整理好，再放在橱柜里就不会杂乱了。

附轮收纳箱

收纳多瓶较重的清洁剂时，不妨利用有滚轮设计的收纳箱，这样从橱柜里拿取、拖拽都会很容易。

饮料收纳架

为罐装饮料设计的收纳架有分格，正好用来收纳清洁剂，不怕因乱堆而倾倒。

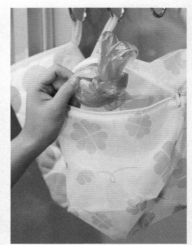

洗衣袋

将塑料袋全部收纳在一起，放入有挂耳的洗衣袋中，方便整理。

冰箱区

冰箱中的收纳如果没有做好，冰箱很快就会变成杂乱的"深渊"，内容物随意乱置更会让你忘了有效期限，进而影响到食品安全。其实，有很多不同设计的盒子、篮子能够替食材做分类，每次采买后，只需将食材依序放入盒篮中，就很容易辨认，方便烹调时拿取使用。

各类食材

保鲜盒
比起塑料袋，用保鲜盒保存食材不仅容易堆叠，还方便辨认内容物。

姜、蒜、辣椒等，可一一分别放在小的保鲜盒中，再叠放节省空间。

用不同的保鲜盒对冰箱食材进行分类整理，清爽、整齐，陈列食材一目了然。

虾米一类的干货也可用保鲜盒分装，维持新鲜度。

各种少量的零散食材，可以用不同颜色的透明保鲜
盒收纳，方便取用和堆叠。

用保鲜盒分装各类辛香料，避免味道混在一起。

药盒

类似保鲜盒的收纳小物，可以将食材依每次烹调的
用量分装保存。

书挡

冰箱门内侧的区域，最容易因随手乱塞而变乱，可
以在这里运用书挡来分隔食品。

Tips ···

冰箱里总少不了一包包已拆封的干货、食品，而杂乱堆放容易影响冰
箱内的可视度，食材也容易被遗忘在深处而过期。可以用同尺寸的保
鲜盒来收纳，不仅整理起来简单容易，还能提升冰箱内的整齐度。

夹链袋加长尾夹

依烹调时习惯使用的分量，将肉装入夹链袋中。

封起来之后，再用长尾夹加上标签做标记。

附上日期和种类，帮助辨认记忆，同时让料理时更顺手。

收纳盒

买回来的肉片或绞肉，依每次习惯食用的分量装入收纳盒中，便于使用。

Tips

每次采买完肉类，建议不要整包连塑料袋一起放入冰箱冷冻，这样不仅不方便辨识，也不利于解冻。不妨善用收纳用品分装肉类，先依据所需的大致分量分好再冷冻，同时在外盒做好标示，这样烹调时就能快速又省事。不管是肉片还是绞肉，甚至部分海鲜类，都能如此处理。

收纳篮

可收纳已开封的食材食品，全部收在同一个篮子中，帮助提醒自己尽快食用完毕。

附带把手的收纳篮能帮助你收纳冰箱里位于视线范围外的食材，比如冰箱下层的食材。

隔板上放两个收纳篮隔出空间，将不同食材分开收纳，就能一目了然。

用短小的收纳盒装蔬果，可直立摆放当成分隔盒，让收纳空间使用起来更灵活。

长型收纳盒用来放置细长蔬菜类刚刚好，瞬间让蔬果区变整齐。

用盒子收纳蔬菜，除了能让冰箱变整齐，盘点食材时也方便移动。

收纳篮外面还能加S钩，收纳小分量的剩余食材也很方便。

用同尺寸的篮子分装不同类食材，让冰箱里不再杂乱不堪。

水果类可以用有孔洞的篮子来收纳，放在冰箱里或冰箱外的通风处。

有分隔板的收纳篮可以避免食材在篮中变乱，还能做简单分类。

Tips ·····························

在冰箱里放置蔬菜时，记得不要随意倒放，特别是叶菜类和萝卜等根茎类蔬菜，使其直立摆放才能延长保存时间。另外，为了让蔬菜不要太快枯黄，可适时用稍微蘸湿的厨房纸巾包覆叶菜类，辅助保湿。

蔬果区的收纳摆放法，需要直立放置，才能让保存期限更长一点。

使用正确的摆放法，并且用收纳用品为蔬果区做分隔收纳。

为了让蔬果区的食材不乱倒，不妨使用盒子来做简易分隔。

利用不同尺寸、材质的保鲜盒或小型网篮分类收纳不同食材，避免串味。

Tips

买回来的食材连同塑料袋直接收入冰箱中并不好，一方面蔬果容易整包被挤压，另一方面，不透明的塑料袋有时会让你忘记内容物。应该一袋袋拆开再整理，这样蔬果区就不会因为都是塑料袋而看起来杂乱了。

酱料包、酱料瓶

冰箱收纳盒

数量较少的酱料包，可一一纳入有格子设计的收纳盒中，再放在冰箱门内侧。

浅型的塑料收纳盒可以放置软管调味料，附挂钩，可直接挂在冰箱内的架子上。

酱料收纳架

平价商店有售的酱料收纳架，可以让你方便地倒放软管类酱料。

名片盒

把各种调味包放在名片盒里扣起来收纳，再在外盒上贴好挂钩，变成可拉式收纳盒。

收纳篮

用不同高度的收纳篮分装不同大小的酱料瓶，收纳在冰箱里时就能更整齐。

利用有把手的篮子收纳瓶罐，方便抽取，不必东翻西找，缩短开冰箱的时间。

书挡

用书挡来分隔多个酱料瓶，避免瓶罐放置时倾倒和碰撞。

收纳盒

方形的小收纳盒可以将各种类的酱料包都整理好，放入柜子或冰箱里时都很便利。

夹链袋

如果酱料包不多，又不知要放在哪里，不妨把它们装入夹链袋，再用长尾夹夹在冰箱门内侧格架上。

你也可以这样做收纳！

　　厨房里，除了橱柜、流理台附近可以做收纳外，冰箱侧边也是收纳的好地方。可以利用各种市售的磁吸式挂架、收纳架等收纳小型的厨具、厨房用的小物等，甚至可以贴上魔术贴收纳保鲜膜，十分方便，不妨试着活用不同的立体收纳法，让厨房收纳变得更多元有趣。

在冰箱侧边加装吸盘架，收纳小型的酱料瓶、香料等。

将成排的小吸盘架放在冰箱边也很便利，可以利用整面空间陈列常用小物。

使用可移动式的三层毛巾架，在冰箱门上收纳抹布。

带有磁性的毛巾杆也非常好用，加装在冰箱的侧边，立体吊挂各种厨房用品。

总是到处乱放的保鲜膜，用可黏式的魔术贴在冰箱门上做定位，使用起来更方便。

Kitchen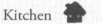

Chapter 2

好创意！厨房餐厅收纳实践术

公开让你意想不到的厨房收纳术，达人实例教学，
让你家厨房也能轻松拥有北欧风、乡村风。
整齐度和顺手度都激增的收纳术非学不可。

超省空间的厨具立体收纳术

创意收纳达人 🏠 卢小桃

卢小桃使用粘贴式收纳架、毛巾杆，营造出了利用厨房墙面收纳各类厨具、厨用小物的空间，使杂物不占据台面空间，料理台干净空旷，大大提升了烹调时的顺手好用度。

摄影 / 陈熙伦

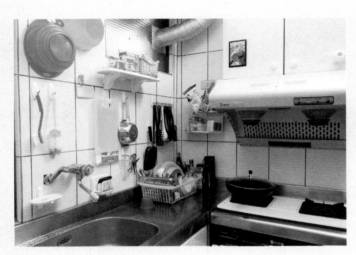

Idea 1

毛巾架解决了平面空间需增添收纳层架的困扰。

Idea 2

在厨房墙面的侧边，多加装一个粘贴式的层板，辅助收纳多种厨房小物品。

Idea 3

利用有孔洞的壁挂收纳篮，收纳购物后留下来的塑料袋，全部放在一处就不会散乱。

Idea 4

小挂钩也可以运用S挂钩替换，增加更多收纳位置。

橱柜空间激增的聪明规划

创意收纳达人 🏠 安妮

　　想让橱柜在纳入大量厨具的同时维持整齐不乱，秘诀在于使用收纳盒来规划整理，以及将厨房物品、酱料、干货等一一定位并限制摆放数量，这样做收纳时才不易爆量或添购重复食品。

摄影 / 陈熙伦

Idea 1

在柜子里放置不同尺寸的收纳盒，能让小东西好找又不杂乱。

Idea 2

锅铲、汤勺、料理瓶罐全放置在墙面的置物架上，下厨时拿取方便。

Idea 3

良好的厨房收纳，要能让台面有宽敞的空间做料理。

Idea 4

瓶装调味料放一处，袋装的放一处，不混杂在一起才好找。

Idea 5

高至天花板的柜子，增加了许多收纳空间。

化整为零的厨房巧收纳

创意收纳达人 🏠 Lisa

　　对于厨房内的调味品、细碎的夹子袋子等小物品，以及常用的杯盘碗筷，Lisa 利用化整为零的概念，用同款的盒子、箱子来分类收纳，视觉清爽度立即得到提升。

摄影 / 陈熙伦

Idea 1

同一类物品统一集中在抽屉中，想找寻烹调用具时自然会记住物品位置。

Idea 2

小朋友使用的杯子或盘子可利用收纳架，充分使用柜内上层的剩余空间。

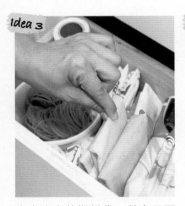

Idea 3

大大小小的塑料袋，其实只要对折成大小差不多的形状，就会好拿又整齐。

Idea 4

家人的保健食品，瓶瓶罐罐不好堆叠的话，可利用层架帮忙分隔柜子内的空间。

Idea 5

杯子收纳在柜子里干净不怕脏，各种干货也可装入透明塑料盒中再收纳。

食物密封夹可用玻璃花盆整合收纳，不零散。

在较大的沥水罐中，放入小一号的玻璃瓶，再装入筷子、饭匙等餐具就不会东倒西歪。

利用机能性的系统厨具，堆叠摆放碗盘。

锅具等厨具运用小叠大的概念，减少平面摆放的空间，向上堆叠收纳。

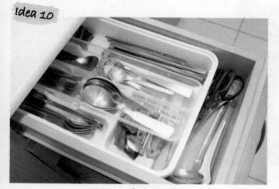

零散的刀叉筷子，用分隔盒收纳，每个小物品都能一目了然。

较深的柜子可摆放能直立的厨房用品，抹布也可折好后直立摆放，方便拿取。

厨具小物美形展示归纳术

创意收纳达人 🏠 MIMI&欧美加

　　厨房的用具、小物其实也能够美美地收纳。可以利用集中收纳的方式将器皿归类、放置，或是吊挂在不同造型的展示架、收纳架上。同时，使用布帘来美化这一区域，使其美观又不杂乱。

摄影 / 陈熙伦、王正毅

防烫的隔热垫就用吸盘挂钩来收纳吧。

低价入手的小藤篮成了收纳辣椒、大蒜的最佳容器。

经常使用的木汤匙、叉子通通集中放在小瓶罐中收纳，不会乱倒。

原本摆放小装饰品的乡村收纳盒，用来装各式小瓶罐的调味料刚刚好。

有花色的马克杯利用S挂钩挂在橱柜横杆上，展示兼收纳。

单色系的杯子则用架子挂在橱柜下方收纳。

Idea 7

利用现成的乡村层架，收纳杯盘、小碗。

Idea 8

空间过小，碗盘平摆放不下时，可直立收纳碗盘，节省空间。

Idea 9

利用多种尺寸大小的藤篮，收纳筷子等体积小又数量多的物品。

Idea 10

利用高低摆放的方式，收纳也能干净整齐。

Idea 11

即使餐厅物品很多，也不会杂乱，还能方便拿取。

Idea 12

借助锅盖收纳架直立式收纳，好拿又好看。

活用厨房挂架，台面更清爽

创意收纳达人 🏠 Fion

厨房里有很多小物品，利用墙面、柜面将物品一一挂起来吧，这样不仅各种物品变得更好取用，有各自的固定位置，厨房台面的整体空间也会变得清爽、整齐、有条理。

摄影 / 王正毅

Idea 1

乡村风常见的木制收纳架，安装在墙上可摆放厨房用的各种瓶罐，下方的挂架还能放置收纳袋等，一物多用，十分便利。

Idea 2

厨房里的这组收纳柜专门用来收纳漂亮的锅具等，柜子装伸缩杆后加上拉帘，不用时可以遮起来，通风的同时又能防尘。

Idea 3

利用小铁架、罐子等来收纳更小的物品，多层次的收纳技巧可避免物品占据有限的空间。

Idea 4

锻铁做的挂架让收纳也有乡村风的布置感，厨房用品挂在墙面上，要用的时候拿取非常方便。

Idea 5

在柜边加装一组小木架专门放置厨房纸巾，使用时更方便拿取，而且不占空间。

妥善定位，打造厨房大空间

创意收纳达人 🏠Rainbow

　　即使天天下厨也能维持厨房的整齐度吗？Rainbow 就利用厨房墙面加装收纳架、层板，同时用收纳盒为厨房抽屉内的物品做整理，妥善确定物品的固定位置，让厨房拥有更多功能的同时，使用起来也更加方便。

文／萧歆仪　摄影／王正毅

Idea 1

打开橱柜抽屉，分隔盒让不同种类的餐具全部能清清楚楚地摆放好，而且不爆量。

Idea 2

为防橱柜内碗盘、锅盖等东倒西歪，Rainbow 细心放置了不同类型的收纳架来直立式收纳。

Idea 3

十分注重厨房清洁的 Rainbow，用收纳盒将清洁用品分类收好，并且在易受潮的水槽下方放置迷你除湿机。

Idea 4

料理台的上方，特别装设双用途层板来做厨房小物的收纳，吊挂摆放一次到位。

Idea 5

上方横杆放调味料，下方横杆则挂放厨具、手套以及隔热垫，成排吊挂很清楚。

为了让料理台面宽敞好用，特意将厨具、调味品都收纳在墙面上，转身就能拿取。

Idea 6

清洁用的小道具们就用多格收纳袋来收纳吧，吊挂在厨房门板上，不占空间。

Idea 7

利用专用收纳架，将保鲜膜、厨房纸巾都聪明地收纳在冰箱侧面。

Idea 8

除了收纳厨具，也可用磁性刀架加上收纳小盒来盛装厨房小物，方便分类整理。

Idea 9

整体储物柜中央的层板，可加装多个透明收纳盒，方便辨别内容物。

特别选用整体储物柜，一次就能收纳数量、种类繁多的生活物品。

Idea 10

用不同的收纳罐、收纳盒分类整理干货、零食等，让柜子内部更整齐有序。

Idea 11

将备用品、清洁用品都细致分类好，打开柜子就会好找好拿，轻松收纳不混乱。

Idea 12

连接厨房的阳台洗衣间，活用玻璃窗来立体收纳清洁用具，极具巧思。

Bathroom

Part 3
浴室

浴室最怕湿答答，瓶瓶罐罐长期碰到水的话就会产生霉斑，
所以浴室收纳要注意防潮，不妨利用墙面来做立体收纳，
只要物品远离洗澡时地上的水汽并保持通风，就能防止潮湿。

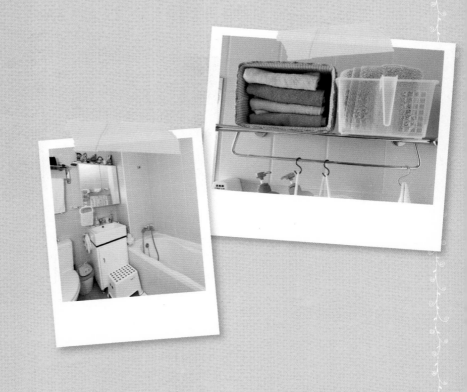

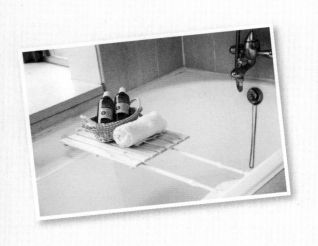

浴室收纳原则速学

善用墙面做收纳，让瓶罐不落地

浴室中的水汽特别重，为了让放在浴室的物品都能维持干爽，建议善用墙面或淋浴间的玻璃门来收纳沐浴用品和小物，使用收纳架、收纳袋，甚至是平价的网片加挂钩都是不错的方式，可以让瓶罐不落地或不堆在台面上，更好地沥干水汽。

收纳用的配件材质要特别注重防潮

收纳篮、收纳盒或是各种配件，需要特别选用好擦洗、方便干燥的材质，让水汽不易残留，避免生锈或是发霉的情况产生。

浴室台面是容易产生杂乱源头的地方

洗手台面或是洗手台上方的玻璃层板，常常会因为使用习惯不良而随手放置了一堆物品，有的甚至延伸到马桶水箱上面。久而久之，浴室堆满了不相关的物品，而且潮湿发霉，因此要避免顺手堆放的习惯，阻隔源头的产生。

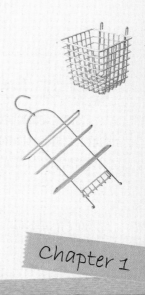

浴室用品快速收纳

浴室里的物品虽然不多，但是最怕潮，
长期的收纳不良会让浴室布满水垢、霉垢，甚至产生异味，
因此浴室收纳是居家收纳中十分重要的一部分。

洗手台面

　　洗手台区除了放置盥洗用品、瓶罐等，有时也会暂放随身物品，这就会造成洗手台区堆满杂物的窘况；建议使用可吊挂的收纳用品来整理这一区域。市面上有许多不同的浴室收纳架，金属网架或塑料架都是不错的选择，可以将洗手台上的物品立体收纳，让台面更清爽，看起来没有压迫感。

盥洗用具

双层收纳架

双层小架子上层可以放盥洗用品，下层放洗澡前从口袋中拿出来的随身物品。

牙刷收纳架

许多人习惯将牙刷放在漱口杯里，但杯子里残留的水渍易使牙刷发霉，可使用牙刷架立体摆放。

收纳架

避免让牙刷底部或牙膏表面留有水汽，可将其置于收纳架里，避免接触潮湿的台面。

网片加挂钩

用超便宜的网片和挂钩，在洗手台侧边打造一处收纳浴室物品的地方，顺手放置盥洗用品。

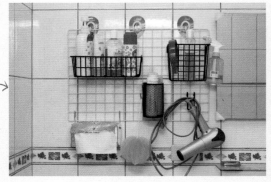

如果洗手台侧边的墙面空间够大，除了放置盥洗用品外，还能加上多个挂架收纳其他物品甚至吹风机。

随身物品

收纳架

隐形眼镜的小瓶清洁液及眼镜盒体积小，容易被弄倒，不妨在镜面上装设架子来收纳，使用起来更顺手。

卸妆时，总怕弄湿身上的配饰而要取下，但随便放又怕找不见，这时用架子加挂钩收纳就会很便利。

挂架

洗澡时，总有一些随身小物找不到地方放，用网片做的立体收纳区就能解决这类困扰。

毛巾杆加挂钩

只要有S钩，就能让毛巾杆的收纳增加很多变化，比如沐浴前放置随身物品。

Tips

随身携带的物品想暂放在某处，又怕随后遗忘而丢失，这时就用小型的各式网架设置能随手放置的小区域吧，有了暂置区的帮忙，再也不怕丢东丢西，也能避免洗手台上方的玻璃层板或水龙头两侧摆放过多物品，取用时倾倒。

浴缸及淋浴区

　　浴室里湿气重，尤其是没有通风设备的浴室更要特别注重收纳，尽量不在淋浴区或浴缸区的地面上摆放沐浴乳、洗发精，不然这些瓶罐或清洁工具会容易发霉。另外，选用收纳用品来辅助收纳时，记得购买易擦拭、能防潮、不会生锈的材质。

沐浴用品

收纳篮

在浴缸旁放置小型的收纳篮，随手就能将常用的沐浴瓶罐放置在一起。

伸缩杆加木板

在浴缸两侧加装伸缩杆，上面放块木板就能暂置泡澡用的小物。

分隔架

浴缸旁边放一个分隔架，除了放置洗浴用品外，还能暂置衣服、浴巾。

锅盖架

想为既有的收纳架增加收纳容量的话，不妨加装锅盖架，就能收纳更多的沐浴用品。

转角收纳架

浴室专用的收纳架，三角形设计刚好能放在墙面转角处，可调整顺手收纳的位置。

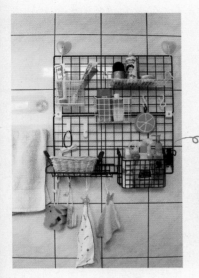

网片加挂架

想收纳数量较多的沐浴用品时，用网片加挂架就能办到，还能根据不同用途分类整理。

女性专用的沐浴用品多，可用挂架统一整理，数量再多也能整齐收纳。

选用面积大一些的网片，还能加装小挂架，让收纳更多元、更便利。

例如将老公或男友专用的清洁、沐浴用品置于一处，使用时好找好拿。

依据家人数量选购合适的挂架，就能在一个墙面上将沐浴用品全部收纳好。

巧用收纳用品将瓶罐、小物都收纳在墙面上，好取又不占空间。

浴室小物

置物架
有些人喜欢泡澡时敷面膜或摘下眼镜放松，但它们放在浴缸旁易滑落，用长型架子设立暂置区可解决这一困扰。

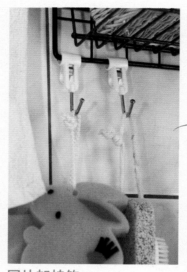

网片加挂钩
加装小型挂钩也好用，可以在网片底部加装成排挂钩，吊挂多样清洁小物。

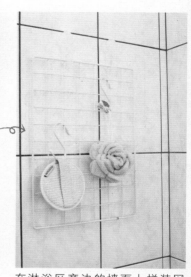

在淋浴区旁边的墙面上拼装网片，就能把沐浴球、去角质工具都吊挂起来。

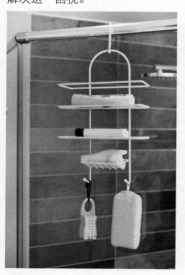

收纳架
淋浴区的玻璃壁面也是收纳好空间，可以用收纳架将浴用小物一次清楚地分层整理好。

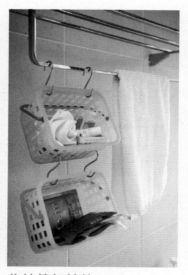

收纳篮加挂钩
在浴室的收纳架上加装收纳篮和S钩，就能放置清洁用具甚至沐浴小物。

Tips ·············
沐浴用品、洗发露、护发素这类的瓶罐，是浴室里面为数最多的东西。如果家人数量多，而每个人惯用的种类又不一样时，更是难以整理；为了让整理、使用都更加顺手，可以简单用素材来分类，聪明整理。

卫生用品

木头碗架

把木头碗架有创意地变化成放置卫生纸的架子，用来代替市售的卫生纸架。

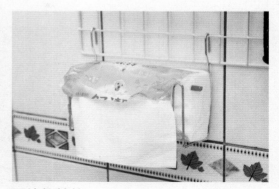

网片加挂钩

常有水汽的浴室里，卫生纸容易受潮，可用网片加挂钩将其收纳在离水源处较远的地方。

将各包装里剩下的卫生用品一一纳入袋中，提醒自己剩余数量。

多格收纳袋

女性的卫生用品拆封后，也能分装在收纳袋中，依据不同用途清楚分类。

Tips

不少女士会在浴室存放卫生巾，但浴室的潮气容易让整包已开封的卫生巾受潮变质，建议只在生理期内放置卫生巾于浴室，可利用多格收纳袋将其收纳在离水源处远一点的墙面上。

清洁用品、用具

毛巾杆

除了网片，毛巾杆也是墙面收纳
必备好物，方便挂放清洁剂和放
置海绵。

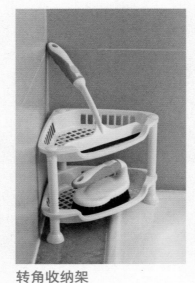

转角收纳架

三角形的收纳架，帮你将清洁剂
垫高收纳、不沾湿，放在浴缸旁
也很好用。

分隔架

分隔架也能用来收纳清洁剂、
沐浴品，同样能帮你避开地面
湿气。

有喷嘴的清洁剂瓶罐，能直接挂
在挂架上，清洁时方便拿取。

粘贴式挂钩

在马桶旁边也能做小小的收纳，
加个粘贴式挂钩就能吊挂抹布。

网片加挂钩

网片拆卸容易又能加上挂钩挂架
活用，比如吊挂刷洗浴室的擦布，
方便风干。

层架及浴室柜

为了沐浴时的便利性,不少人会在浴室堆放东西,例如沐浴备用品、乳液、毛巾、浴用小物等,全部堆在层架上或浴室柜子里。为了便于顺手拿取这些物品,不妨利用耐潮的网篮、箱子简单分类,让柜子或层架不杂乱,更易辨别浴室内物品放置的位置。

沐浴用品、毛巾

收纳篮及挂钩

浴室里很常见的金属层架,为了让使用更方便,不妨用一些收纳素材来辅助收纳沐浴用品和毛巾。

比较小的毛巾可放在附把手的收纳篮里,这样一来就能顺手从高处拿取东西了。

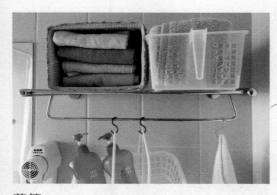

藤篮

层架区不只能放换洗衣物、毛巾,还可利用S钩和收纳篮来增加收纳位置。

一般会直接在层架上叠放衣物、毛巾,也可以试着用收纳盒整理折好的毛巾,抽取式很方便。

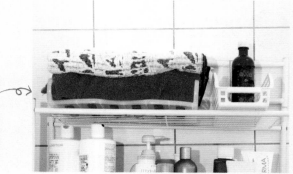

收纳篮

收纳架最上方的沐浴用品，需用有把手的篮子收纳才方便拿取。

运用不同的收纳篮来收纳不同物品，比如较宽的收纳架可放置折好的毛巾，长型收纳篮可放置沐浴用品等。

将每个家人使用的沐浴用品分多个篮子装好，使用时就不会混淆。

如果有在浴室使用吹风机的习惯，需稍做收纳，使其远离湿气重的淋浴区。

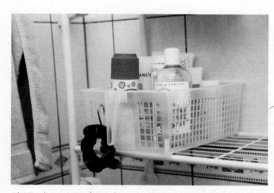

洗澡时，只需拿取自己的篮子即可，方便一次移动自己的沐浴用品。

除了长型收纳篮，筒状收纳篮也很好用，可以放置软管类的沐浴用品。

书挡

放在浴室里的换洗毛巾，如果数量多叠在一起不好拿，不妨卷起来收纳，再用书挡整理好。

藤篮

用折叠的方法将多条毛巾直立摆放，收纳在浴室橱柜中就不会杂乱。

清洁用品

附把手收纳篮

用附有把手的收纳篮，一次将常用的清洁用品、清洁工具收纳在一起放入柜中。

收纳篮

深窄型的收纳篮，放在浴室柜内刚刚好，可收纳备用品或清洁剂。

伸缩杆

浴室柜内的收纳，可加装平价伸缩杆，也可以用来挂放成排清洁剂。

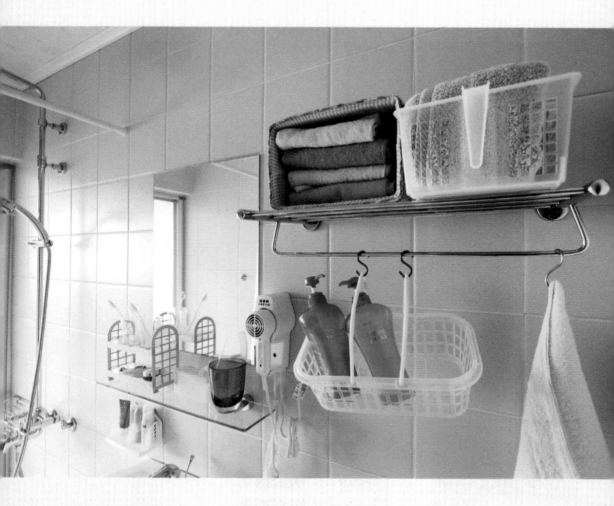

Bathroom

好创意！浴室收纳实践术

干爽又明亮的浴室空间不仅能给人好印象，
使用时也才能够舒适放松，一同来看看达人们的聪明收纳术，
破解你对于浴室收纳的困扰。

营造饭店级的清爽浴室

创意收纳达人 🌳 安妮

利用自然风的收纳用品，例如藤篮、木柜等，来分类整理、收纳浴室内的各种用品，再适时添加一点带有绿意的植物，你也能轻松营造出媲美饭店等级的浴室空间。

摄影 / 陈熙伦

在木柜侧边特意接上移动式衣架，放置毛巾、浴帽很实用。

层板上放置小盆植物，例如仙人掌，造型可爱又好照顾。

竹编小篮和木头色调很搭，还能将小瓶罐摆放整齐。

浴室里摆一盆中意的绿色植物，既美观又自然。

多层式柜子可放不同类的沐浴用品，避免瓶底潮湿发霉。

践术 02

浴室橱柜格中隔，分类收纳

创意收纳达人 🙋 Lisa

好的浴室收纳，重点在于瓶罐不落地，橱柜内巧妙分隔。Lisa 利用透明文具收纳盒摆放各种化妆品、护肤品，笔刷、梳子全部直立摆放，巧妙运用每一寸空间。

摄影 / 陈熙伦

Idea 1

瓶瓶罐罐不要摆在地上，利用缝隙收纳篮在墙边直立收纳可防止发霉。

Idea 2

马桶与墙面的细缝处，利用空心砖堆叠摆放书籍和小朋友洗澡时的玩具。

Idea 5

Idea 3

Idea 4

在玻璃架上绑上棉线，现成的耳环挂架就完成了。

柜内瓶罐可利用拉取式的收纳盒解决柜子较深不好拿取的问题。

小小的一个浴室柜，其实隐藏了许多收纳技巧。

长效不乱的浴用品归类法

创意收纳达人 🎀 贵妇奈奈

　　淋浴间的玻璃门板、洗手台附近的墙面都是能做收纳的好空间，用巧思加上收纳用品整理好，即使物品数量、种类再多也不怕，全部能够有序地顺手收纳好。

摄影 / 王正毅

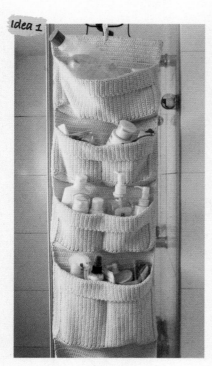

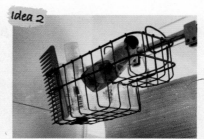

贵妇奈奈在沐浴间的玻璃门上方和角落处都加装了收纳架，活用空间创造收纳可能。

为保持浴室清爽，用IKEA收纳袋来分格整理大量的沐浴品，方便拿取。

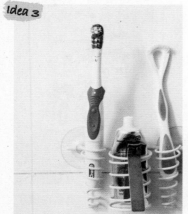

立体收纳怕潮的盥洗用具，就不怕水汽残留，同时减少洗手台面的杂物。

老旧风格的木柜是浴室外的备用品收纳区，收整物品的同时兼具装饰效果。

战术 04

强效活用浴室墙面收纳术

创意收纳达人 🏠 小玫瑰

　　利用浴室墙面，将沐浴用品、浴用小物甚至清洁用具一次完美地收纳起来。让所有物品聚集在视线范围内，使用时不必再费心找寻，极其清爽的巧思收纳，让浴室物品完全不落地。

摄影／陈熙伦

Idea 1

Idea 2

洗手台下方也是收纳好空间，将清洁用品妥善收纳在看不到的地方。

小玫瑰在淋浴区的墙面上加装了多个防水收纳篮来整理沐浴品，顺手又整齐。

Idea 3

用吸盘加上可爱多彩的收纳架，就能将浴室物品、清洁用具一样不乱地收纳在墙面上。

Idea 4

运用多格收纳盒将浴室内的小物整理好，放在洗手台上方的玻璃层板上，不怕杂乱。

Part 4

卧室及衣柜

卧室是睡觉放松的地方，为了更充分、舒适地休息，

其中生活物品和衣物的收纳就很重要。首先，杂物不要过多；

此外，许多人都觉得衣柜收纳很头疼，

只要搭配良好的折叠法和收纳配件，就能轻松整理衣物了。

卧室及衣柜收纳原则速学

和不合适的衣物彻底分手

过小、过时、褪色或有脏污的衣物，应该在换季时特别做一次整理淘汰，顺便检视衣柜深处是否有很久都没穿过的衣物。一两年都没穿的衣物，代表已经没有实穿率，不管有多么喜欢都应该统一整理起来，丢弃或是送人、捐赠等。

善用衣物折叠法或吊挂规划

依据衣物特性，用不同的折叠法或吊挂规划来收纳衣服，能有效帮助增加衣物收纳量。比如，将上衣折成长方形直立摆放，就比叠放收纳更清楚、更省空间；若是连身裙或雪纺衫，则适合卷折好再分格收纳。吊挂也有学问，由短而长进行分类，衣柜空间才被能充分利用。

活用收纳用品，为梳妆台及衣柜增加容量

不管是梳妆台的抽屉或是衣柜空间，由于摆放的衣物、物品数量多，而且种类复杂，所以要活用收纳用品（例如箱盒、分隔片等）来收纳，分割空间做好规划，收纳起来会更清楚，且归位更容易。

Chapter 1

衣柜衣物、配饰快速收纳

卧室收纳最困扰的，无非是常处于爆满状态的衣柜，
充满了各式衣物、配饰等。
其实，它们各自有不同的收纳法，根据不同类型转换收纳方式，
才能让整理变得更省力。

上衣外套类

上衣、外套类的收纳法有许多种，比如易皱的材质需要吊挂，良好的折衣法可以节省抽屉空间，使用收纳用品或有特殊设计的衣架做增量收纳等。整理上衣、外套时，尽量让图案、样式展示出来才好辨认，同时要记得缩减衣物体积，如此一来，衣柜里的容纳量才会增加。

上衣衬衫

善用衣柜缝隙增量收纳

木头衣柜的前方、门板或是一体柜的侧边都能加装配件，善用小缝隙来吊挂衣物。

依习惯分类，适量吊挂

除了依颜色、样式来分类外，吊挂衣物也要适量，让衣柜有可以呼吸的空间。

加分隔片规范

分隔片能帮助你收纳抽屉里的上衣，不易乱的同时能够协助分类。

用盒子分类

平价商店常见的小型盒子，不仅能为抽屉分格，整理时整盒进整盒出也很方便。

若希望衣柜抽屉里的收纳更有序，可以使用分格盒整理卷好的上衣，整齐定位不杂乱。

卷收直立放

如果衣柜空间有限，建议将上衣卷收好，这样纳入衣柜里的衣物数量就能增多。

折收直立放

如果希望收得多又好找，可改用折收法，但是需要直立摆放以让图案明显露出。

卷折混合放

如果希望更多元地收纳上衣，不妨混用两种收纳法，适用于卧室衣柜空间有限的时候。

Plus!
短袖上衣速折法

1 翻到背面，在靠近领口的地方垫一块纸板。

2 从板子的外围把衣服从两边往内折。

3 将下摆向中间折起后，把纸板抽出来。

4 将下摆塞到领子里，折好的衣服就不容易散开。

5 翻过来即是一般的折法。

6 轻薄的短袖上衣可再对折一次减小体积，收纳时可节省不少空间。

Plus!
长袖上衣速折法

Before

1 先将袖子往衣服中央折，使其变成长条状。

2 从下摆部分往领口处卷折。

3 卷起来的衣服一样可以看得到花色。

Plus!
POLO 衫速折法

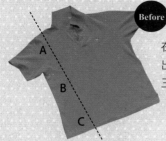

Before

在衣服上分
出 A、B、C
三个点。

A
B
C

1

右手抓住衣物胸前的中间点 B。
左手抓住领处 A 和衣摆 C，让
这两个点相叠。

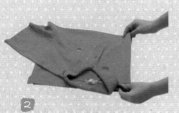

2

右手往上拉起，左手不
动，即可翻面。

3

最后，将另一边折到后面就完
成了。

Plus!
连帽 T 恤速折法

Before

1

先把衣服翻过来，再把
帽子对齐中线往下折。

2

将袖子往中间对折，叠
在帽子上面。

3

将衣服从左右两边往中
间区域折叠。

4

最后将下摆往上折起，
防止松脱。

5

只要把帽子藏在衣服里
就不会凌乱了。

Plus!
衬衫速折法

先把衬衫的扣子依序扣好。

1 衬衫分成四分之一往中间对折。

2 折好后再把袖子朝下往回对折。

3 两边的袖子都要往回折。

4 最后分成三等份,往领口方向反折。

5 完成了,收纳衬衫时记得领口也要顺便弄整齐。

Before

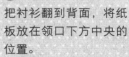

1 把衬衫翻到背面,将纸板放在领口下方中央的位置。

2 沿着纸板将衬衫往中间折,再把袖子回折三分之一。另一边袖子也是相同折法,注意不要让袖子超出衣服。

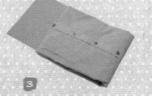

3 衬衫下摆往领口处三等份折好后,抽出纸板即可。

4 折好的衬衫平摆收纳在抽屉或柜子里,可保持笔挺不变形。

Plus!
羽绒外套速折法

1 先将羽绒外套对折一半。

2 把袖子折叠到羽绒外套上。

3 由羽绒外套领口的部分开始往下摆处卷折。

4 卷起来的羽绒外套内部空气被压出来后，体积会变得很小。

5 把压缩过的羽绒外套放入防尘袋收纳，省空间又不怕脏。

Plus!
长大衣速折法

Before

1 翻到背面，将帽子对齐帽缘的地方，往下折。

3 下摆较宽的部分稍微往内折一点，再往上对折。

2 将大衣袖子相互交叉对折。

4 翻过来，就能轻松地将冬天的衣物收纳好了。

裤子裙子类

　　比起上衣类的多样式和形状不一，裤子、裙子的形式比较固定，只需掌握简单的折衣法，同时使用多层设计的衣架或收纳盒，或者直接利用一体柜中的裤子吊挂杆，就能整齐收纳。

牛仔裤、长裤

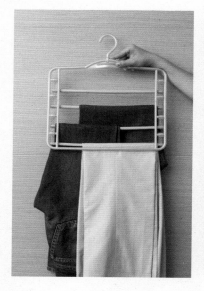

多层衣架

将裤子或长裙对折，再搭配使用有多层设计的衣架，增加衣柜内的衣物收纳数量。

多杆衣架

裤子、裙子除了收纳在衣柜中，门板后也是方便的收纳区，常穿或待洗的都能收纳起来。

收纳篮

厚重材质的裤子，例如牛仔裤，可直接卷好再直立放入收纳篮中收纳。

也可选用有把手的收纳篮，整理厚重的牛仔裤时能很方便地提起、移动。

卷折好的牛仔裤放入篮中，再放置在衣柜深处或侧边，收纳起来不占空间。

收纳盒

如果裤子数量实在很多，卷好后再放入多个收纳盒中摆放也是好方法。

Plus!
长裤速折法

Before

1 将两条裤子分别对折后，一条裤子留出三分之一，相叠在一起。

2 把多出来的裤腰部分往回折。

3 将另一条裤子的裤管也往回折。

4 完成后可以增加两倍的收纳量。

Plus!
牛仔裤速折法

1 沿着裤裆部分先左右对折。

2 将整条牛仔裤分成两等份后对折。

Before

3 再对折一次能让牛仔裤变得更小。

4 完成了，翻回正面就能将牛仔裤收纳在箱子中。

Plus!
长裙速折法

Before

1
先将裙子铺平后
对折两次。

2
将下摆较宽松的部分往
上折，比较不容易散开。

3
再长的裙子也能乖乖收
到柜子里了。

Plus!
短裙速折法

Before

1
把裙子分成三等
份往中间对折。

2
另一边也是相同
的折法，让裙子
呈长条状。

3
最后把裙摆往上
折，防止散开。

贴身衣裤袜子

　　贴身衣裤或袜子的体积都比较小，所以常常被很多人忽略，觉得不用费心整理，因此有时会发生突然找不见内裤或某只袜子的窘境。其实还是需要简单折好再分格收纳，这样就会一目了然，好找好拿了。

内衣裤、袜子

内裤折收

男用或女用内裤都一样折成小方块，直立放入抽屉中，花色清楚好找。

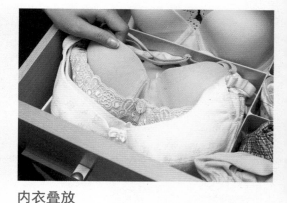

内衣叠放

为了使内衣不变形，最好的方式就是一件件叠放，使其不相互挤压。

袜子卷收

卷折好的袜子全部集中放在收纳篮中，依使用者进行分类，就不会混乱难找。

分格分层收纳

将贴身衣裤或袜子收纳进抽屉里时，要记得分格分层，以防随意堆放变得杂乱。

小文件箱

内裤体积小、数量多，可以用小文件箱来整理，依花色或类型一层层区隔开。

纸盒

利用干净的纸盒收纳贴身内衣裤，摆放在衣柜抽屉里，好拿又不易乱。

用市面上就有售的分隔盒来收纳小件内裤，拿取、移动或整理都很便利。

分隔盒

如果希望内衣裤的花色更好辨认，可以用市售的分隔盒来帮忙整理，一眼看去超清楚。

吊带背心速折法

Before

1 把吊带背心分成三等份往中间对折。

2 两边都折好后，背心会变成长条形。

3 再由肩带部分往衣摆方向卷折。

4 完成后，把肩带卷起来，就不容易散乱。

贴身内衣速折法

Before

1 女用内衣可顺着中间钢丝交接的中心点，顺时针往内卷折。

2 再把肩带部分收到胸罩内，避免收纳时散乱。

3 完成了。折好的内衣体积变小了，让收纳空间变得更大。

Plus!
女用内裤速折法

Before

1 内裤先翻到正面，分成三等份对折。

2 完成了，从侧边把内裤卷起来，直立放在衣柜中。

Plus!
男用内裤速折法

Before

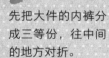

1 先把大件的内裤分成三等份，往中间的地方对折。

2 折好后的内裤呈现长条形。

3 再从底部较宽的部分往上方松紧带的方向折起。

4 完成了，内裤折好后直接放入柜子收纳即可。

配件饰品类

　　配件、饰品的数量一多，如果没有好好收纳，很容易就会缠在一起或找不到，建议使用收纳用品将这类小物都吊挂、展示出来；领带或围巾这类的织品也是，让每一个配件饰品都清楚可见，出门时也会顺手又方便。

皮带配件、领带

网片加挂钩

平价好选择，组装容易，而且能装在门板上、衣柜内或房间墙面，收纳饰品或帽子。

特别长的项链也能用此方法一一展示，不怕放在盒子里会缠住打结。

挂架

如果是领带，则可以使用增加收纳容量的小型挂架，让各种花色种类全部明显可见。

或使用门板用的小挂架，将常用的领带固定放在一处。

木头碗架

碗架是多用途的收纳用品，直放、横摆都好用，可当作领带收纳架。

多格收纳盒

收纳好的领带可以一盒盒叠放，再放入衣柜里，整齐度倍增。

整体柜拉杆

衣柜内层的空间可加装领带架，也可以吊挂皮带。

Plus! 领带速折法

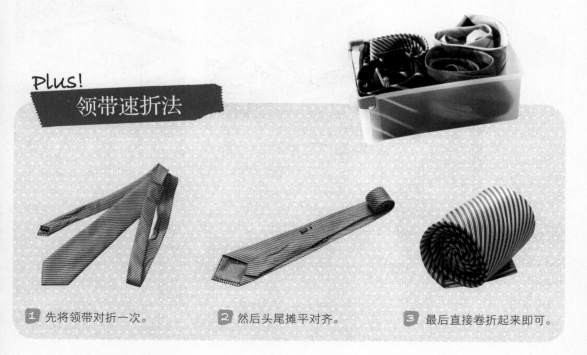

1 先将领带对折一次。

2 然后头尾摊平对齐。

3 最后直接卷折起来即可。

饰品、围巾

毛巾杆

针织围巾如果没有妥善收纳好，很容易脱线损坏，可以利用毛巾杆将其吊挂收纳。

制冰盒

造型可爱的塑料制冰盒，每一格都可成对收纳女孩的耳环或戒指，好找且不怕散乱。

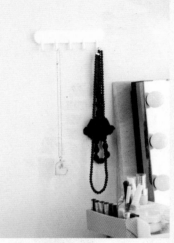

可黏式挂钩

利用可黏式的挂钩，加装在梳妆台旁边收纳饰品，设置专属收纳区域。

木头碗架

可以收纳长饰品、项链配件等，收纳便利的同时又有展示效果。

除了饰品，还能收纳卷折好的皮带等配件，可装设在衣柜内部或外部。

布质分格盒

可以和浅型抽屉搭配的软质布料分格盒，用来收纳小条丝巾十分便利。

Tips

木头碗架是既平价又有多种用途的收纳好物，除了收纳碗盘杯子、锅盖等，还能直放、横摆收纳可卷折的配件等小物，也能当作展示架，成排吊挂长项链、手链等饰品，是超级推荐的好用商品。

Chapter 2

梳妆用品及小物快速收纳

女性的梳妆台总是琳琅满目，化妆品、护肤品、化妆用具和小物种类多到数不清。为了让出门化妆时更快捷、更方便，需要为梳妆用品设置习惯的归位处，让梳妆台更整洁，同时提升使用顺手度。

梳妆台

用小篮、小盒甚至纸盒，来分类整理化妆品、护肤品，让你的梳妆台不再杂乱。就算化妆品、护肤品种类多样也不用担心，分盒或分格就能将它们收纳妥帖，设立一个一个的小收纳区，抽屉或桌面收纳也能条理分明。

化妆用品

网片加挂架
梳妆台前的墙面是收纳好区域，常用的化妆用具一字排开，拿取迅速。

不同种类的刷具一起收纳好，就不用因为找不到要用的刷具而常常东翻西找。

饮料收纳架
像是笔筒一样的饮料收纳架，能分类整理众多的化妆小工具。

木盒
超便宜的多彩小木盒，不仅能分类整理梳妆台上的用具，还有很可爱的造型。

藤篮

化妆用具、刷具实在很多的话，就用藤篮
来分类吧，清楚又好找。

纸盒

化妆用品直立收纳在纸盒中，还可在其中
搭配瓶罐来收纳笔形的化妆用具。

多格收纳盒

多格子的贴心设计，一次收纳抽屉中的化
妆用具和其他化妆用品。

小文件箱

化妆棉或发圈、发卷收纳在小文件箱里，
既防尘，又能向上堆叠增加收纳容量。

化妆品及护肤品

收纳盒

浅盘收纳盒，可以用来摆放最常使用的化妆品，方便移动收纳。

差不多等高的小瓶罐，都存放在收纳盒中，放在台面上或抽屉内都很好拿。

木盒

在木盒两侧加上麻绳，很简单就能为单片面膜做分类收纳。

一次使用多个同尺寸木盒来收纳，对抽屉内的物品做清楚分类。

收纳篮

使用长型收纳篮将护肤品一次整理好吧，让梳妆台变得更清爽。

玻璃罐

透明玻璃罐是环保又耐用的收纳用品，收纳长刷具很便利。

多格收纳盒

把化妆品的试用装收集在一起，用有小格子的盒子分类整理，就不怕放到过期了。

小文件箱

小文件箱可以用来分类收纳小片面膜、眼影、眉粉饼等体积小的化妆品。

瓶罐

零散的试用装很多时，不妨用手边就有的小瓶罐来做收纳整理。

饮料收纳架

用饮料收纳架就能定位，让桌面上的化妆品摆放时不会倾倒。

还可有创意地在纸盒边再粘贴小盒，方便收纳唇膏、唇彩。

纸盒

活用家中就有的纸盒，裁剪或是包装一下，收纳瓶瓶罐罐很容易。

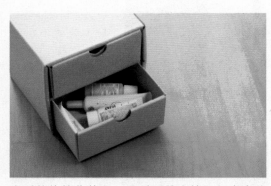

小型的软管化妆品，用耐用的小抽屉纸盒来分类，方便堆叠。

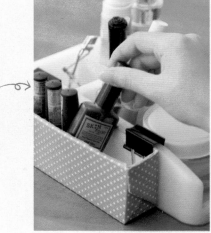

细长的纸盒，特别适合收纳指甲油的瓶子，不易倒、好拿取。

由于化妆品的瓶罐高度都不同，可依据高度组合不同尺寸的挂架来收纳。

网片加挂架
每天出门前必定会使用到的防晒乳，利用网片和挂架收纳在顺手处。

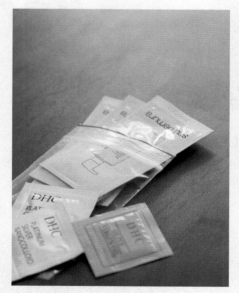

藤篮
在分隔架的下方放置浅型藤篮，将小盒装的化妆品规范摆放好。

夹链袋
零散的试用装用夹链袋简单收纳，统一放在抽屉或盒子侧边，不易散乱。

梳子及吹风机

网片加挂架

在梳妆台边加装网片、挂架，就能挂放吹风机，让电线不再缠在一起。

不同用途的梳子，统一放置在挂篮里，使用时才能迅速又顺手。

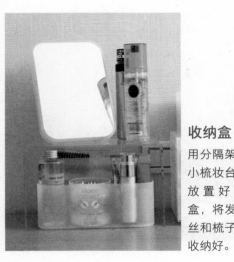

收纳盒

用分隔架当作小梳妆台，再放置好收纳盒，将发型摩丝和梳子一起收纳好。

魔术贴束线带

吹风机的电线是不少人的收纳困扰，可以用魔术贴束线带将其整齐折好。

Tips

想要出门前能快速梳理头发，就要制造方便使用的可能性，将常用的发型用品和吹风机、梳子等全放置在顺手区域，立体吊挂或分类整理，赶时间出门时就不会手忙脚乱。

生活杂物

藤篮

出门前必备的随身物品，卫生纸、防晒乳等全用
藤篮收在玄关处，就不用慌忙找寻了。

红酒箱

材质坚固又有造型的红酒箱也是收纳好帮手，能
将卧室中的生活物品同类收纳好。

珐琅罐

用漂亮的珐琅罐来收纳数量较多
的牙线棒、棉花棒，还能布置出
温暖杂货风。

挂架

放置一个这种小型挂架也很实
用，手表、首饰都能放在一起。

Tips ⋯⋯⋯⋯⋯

生活中，每天会使用到的
物品实在很多，比如出门
前的随身物品、综合类的
小型物品、保健品及家用
急救药品等。有时难以分
类，有的则是不知该怎么
整理，因而在家中堆得到
处都是，这时不妨善用素
材来协助顺利整理。

帆布收纳篮

卧室里摆放着种类众多的生活物品、药品等，可以把它们用坚固耐用的帆布收纳篮整理在一起。

多格收纳袋

多层多格的收纳袋，特别适合放置多样小物，连卷折的薄衣物也能收纳。

不同种类的生活小物，全部都收纳在一处方便找寻，放在任何空间都很方便。

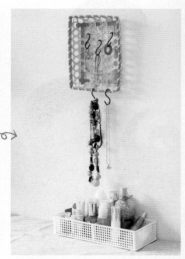

小型文件箱

家用的急救药品也能用小型文件箱来收纳，整理和使用时都很顺手。

藤篮

随手摘下来的发饰可用篮子收纳起来，统一定位放在梳妆台边。

出门前要带的随身小物、发饰类，也能用藤篮收纳，立体吊挂在一处。

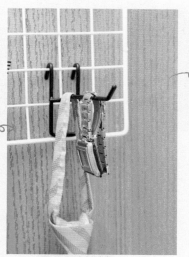

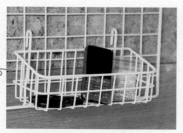

在卧室更衣时，从口袋拿出来的东西可以放在网架上，变成临时放置的地方。

网片加挂架

平价收纳的绝佳选择，能自由加装多个S钩，挂放多串钥匙也完全没问题。

网片加上T形挂钩也一样好用，手表、领带都能暂时挂放。

网片加上收纳架，一次就能把多种居家用品全部放在一处。

直接将多个网片组合在一起，变成放置生活物品的平价收纳柜。

Tips

网片加挂钩是平价实在的收纳好工具，可以直接装设在墙面上，也可以多个组装在一起，变成好用的立体收纳架。如果想要随时移动，不妨在底部加装轮子，使用起来更加分，可移动到空间里的任意一处。

　　善用网片加滚轮，组装一个可移动的收纳架吧，步骤简单好学。放置一个在卧室中，可以收纳衣物或床边杂志，方便四处搬移；当然也能放在家里的其他空间中，做不同物品的收纳。

网片之间利用束带绑紧后，剪掉多余的部分。

组装好网片后，在四个角落绑上可推的轮子。

底部有了滚轮，推到哪里都很方便。

加上滚轮，缝隙收纳也不成问题，看过的报纸可以先暂时放在床底下。

加上挂篮，摆在椅子边装不同的书籍或杂志，侧边还能卷放报纸。

常穿的衣物也能放在篮子中，推拉快速又方便。

Chapter 3

寝饰、窗帘快速收纳

除了一般的衣物整理收纳外，其实被褥、寝饰也需整理收纳，
由于被褥、寝饰的体积大，会占用很多卧室或衣柜空间，
每年换季期间做一次整理，会让卧室空间更清爽。

寝饰、窗帘

　　寝饰、窗帘的整理重点，无非就是将体积缩小、变少后再收纳起来，特别是家中空间不足的时候。将寝饰、窗帘彻底清洗后，使用压缩袋和特殊的折法，就能将其都妥善收纳好。摆放的方式也要注意，避免寝饰、被褥变形，失去弹性。

寝饰

收纳袋

衣柜顶部跟天花板间的空隙是收纳的好地方，可以把不常用的大型被子放在上面，完全不占空间。

柜底、床底的空隙不要放过，可以放不少厚被子或毯子！

可掀开的床内空间最适合收纳用不到的厚重寝具及换季的衣服。

压缩袋

把要收起来的衣物放进密封袋，用夹扣密封袋口。

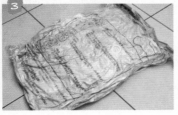

打开吸尘器，将空气抽掉。

把吸尘器对准袋子外面的吸孔，卡紧。

利用衣柜上方的空间，放置压缩过的多件厚重被子、寝饰。

1 棉被装入被套后，分成三等份对折。

2 另一边也对折成长条状。

3 折成长条状后分成四等份，两边分别往中间线对折。

4 折好后，运用手部力量把棉被压扁，更易装入袋中。

5 买棉被时附带的大袋子是很好用的收纳工具，如果袋子脏了，用湿布擦拭一次，晾干后再收放棉被。

6 压好的棉被装入塑料袋中，隔绝灰尘。

Tips

1. 收纳各种被子时，应该直立摆放，避免叠压棉被导致失去弹性。

2. 装入收纳袋前，先套上一层塑料袋，可避免天气变化产生的潮气，达到双重保护效果。

3. 棉被收纳时，化纤材质可用真空方法抽成扁扁的一片，用以节省收纳空间，羽绒、羊毛、蚕丝等天然材质则不可。

4. 收纳前一定要确保棉被已晾晒，否则季节交替时容易发霉

传统折式窗帘

两人一起折窗帘会比较快速，也更省力。

先把窗帘头部的三寸褶拉起来重叠。

把窗帘对折一次。

再把下摆部分等距离拉直。

再把窗帘分成三等份对折。

折好的窗帘体积变小，收纳更快速。

拉折式窗帘

拉住两边，先把窗帘对折。

再平行分成三等份对折。

直向直接对折一半。

再直向分成三等份对折。

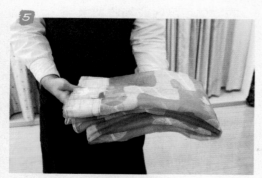
最后就能把较轻的窗帘快速收好。

Bedroom&Closet

Chapter 4

好创意！卧室及衣柜收纳实践术

让人特别苦恼的卧室及衣柜收纳，其实没有想象中的那么困难，

活用折衣法，加上收纳用品以及空间规划，

你也能拥有达人级的整齐衣柜和卧室空间。

免换季的衣柜空间分层术

创意收纳达人 🍀 Lisa

因为居家空间有限的关系，Lisa 家其实没有衣物换季拿取这件事情，她利用衣柜抽屉上下层的概念，上层摆放当季的夏季衣物，下层则是放置冬季的厚重衣物，且每季固定淘汰不穿的衣物。

摄影 / 陈熙伦

衣服利用卷折的方式，折成同样大小，衣物款式、花样一目了然，非常整齐。

衣柜空间不会变大，因此每季都应检视自己的衣柜，淘汰不穿的衣物。

家中小朋友常用的毛巾和大型被单，折小后放入可抽拉的抽屉内收纳。

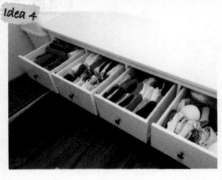

上层小一点的抽屉里可放置贴身的内衣裤和小件衣物。

衣柜挂完衣物后，下方多余的零散空间可放置箱盒，增加收纳容量。

巧用配件打造小家庭更衣室

创意收纳达人 👤 安妮

安妮家的更衣室是窄长的空间，为了让每寸空间都能被充分利用，她特别选用了不同的收纳用品，搭配高效折衣法，即使收纳大量衣物也完全没问题，轻松打造两人的衣柜空间。

摄影 / 陈熙伦

Idea 1

上层吊挂外套类，下层可抽拉的网架里放几个纸盒装袜子等小物。

Idea 2

衣柜上方的高度，正好可放置旅行箱和方形纸箱。

Idea 3

衣柜侧边有轨道式挂钩，巧妙收纳各式皮带。

Idea 4

长型收纳盒深入柜子空间，看起来不凌乱，而且能收纳更多物品。

Idea 5

18格柜子完全收纳物品，柜子正上方可放平常很少用的东西。

极简卧室的箱盒柜活用魔法

创意收纳达人 🏠 小姮

使用 IKEA 的大型橱柜作为卧室的基调，小姮习惯让衣物维持在一定数量之内，并且有计划地添入小型收纳箱，妥善利用所有空间，让卧室、衣柜每一处都不会被浪费。

摄影 / 陈家伟

Idea 1

衣柜中放一个吊挂式的收纳抽屉，将轻薄的内搭衣裤折起来再放入，能够减省大半空间。

Idea 2

柜子中每一层的边上都有一小处空间，虽然放不下另一个收纳柜，但仍可将大小、造型不一的包分别摆进去。

Idea 5

Idea 3

宝宝的衣服也一同挂在衣柜里，狗狗的衣服比较短，统一挂在左边，下方就能空出很大的收纳空间。

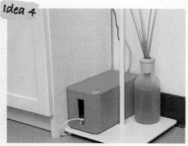

Idea 4

家里电器一多，电线就会常常无处可藏，不仅会造成视觉上的干扰，也容易沾覆灰尘，可以将所有电线集中收纳在专用收纳盒里。

白色的橱柜里摆放透明收纳盒，从视觉上带来洁白干净的印象。

更衣空间巧思类归收纳术

创意收纳达人 欧美加

　　女孩的衣柜总有各式各样的衣物、配件、小东西，如何才能系统地进行收纳，不至于爆量呢？充满收纳创意的欧美加用"盒中盒"的概念，将饰品、化妆品和工具都收纳得整整齐齐，创造出了女孩们都想学的更衣室空间。

摄影 / 王正毅

抽屉中的盒子有助于统一收纳各种形状的化妆品。

瓶罐大大小小各有不同，不适合放在抽屉中，可利用铁篮集中放置。

妥善利用小盒子，零散的发圈、发夹等物品也能快速分类。

喜爱首饰的欧美加，东西再多也有分类的诀窍。

担心缠在一起的项链，利用可爱的小袋子装起来，好拿又容易分类。

善用定位，打造简洁梳妆区

创意收纳达人 🎋 Rainbow

　　Rainbow 的梳妆台区域和一般女孩一样，摆放了化妆品及各种用具、饰物，但是她的梳妆台和抽屉丝毫不乱，这正是因为她妥善地使用了收纳盒做定位，让梳妆区极为整洁。

摄影 / 王正毅

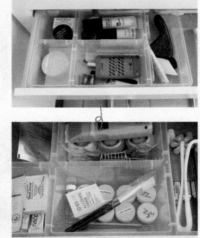

梳妆用的小物全部用收纳盒细心分类、各自归位，抽屉里面丝毫不凌乱。

女主人的梳妆台面非常简洁干净，只收纳小物和放置配件，无杂物让使用更方便。

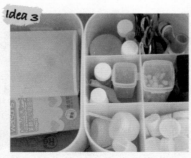

较小的化妆用小物或日常药品，就纳入多格小收纳盒中，收纳有条理。

利用房间门板来吊挂袋子和包，可调式收纳绳能随意调整高度使用。

实践术 06

衣物体积高效收缩收纳术

创意收纳达人 🏠 晓谦

想将全家人的衣物全部收纳在同一个房间里，首先要掌握衣物不爆量的大原则，定期淘汰、整理是第一重点。此外，晓谦妈妈还使用折衣板统一大人和小孩的衣物尺寸，让收纳更到位。

摄影 / 王正毅

Idea 1

利用小型透明收纳盒清楚整理男主人的袜子，代替衣柜中没有格子抽屉的设计。

Idea 2

只要改变一下放置方式，即使是稍厚一点的外套，也能一并收进抽屉里。

Idea 3

用折衣板折过的衣服，能够整齐地放进塑料抽屉中，统一以直立方式摆放好，才方便拿取。

Idea 4

为了让男主人的裤子更多地被吊挂起来，使用三层设计的衣架，增量收纳。

格柜创意变身展示收纳小柜

创意收纳达人 🏠 卢小桃

美女博主卢小桃，将难以处理的老旧三层柜加上创意构思，使其变身为好用的杂物收纳柜，扁形的帽子和众多的发箍都有了固定收纳处，方便展示、拿取的同时兼具实用功能。

摄影 / 陈熙伦

Idea 1

将三层柜倒放并堆叠，就变成了多用途的书柜兼杂物收纳柜，旁边还可放置小家电。

Idea 2

附有铁圈的小夹子，穿在伸缩杆上，成为吊挂香氛包的小配件。

Idea 3

卢小桃得意的收纳术，经常不见的遥控器粘在墙上就ok。

Idea 4

外出用的化妆包、小药品的分类包，一种颜色代表一个类别。

Idea 5

卢小桃将三层柜改造为好用的展示柜了，多个帽子、发箍都能一次吊挂收纳好。

Idea 6

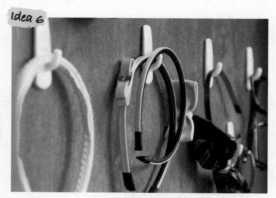

女孩搭配造型时用的发箍，利用小挂钩一次解决。

Idea 8

Idea 7

深度不足的柜面，可利用伸缩杆调整空间分配，进行小物件的收纳。

化妆台和柜子相互连接的地方也是墙面收纳的不错发挥空间。

打造兼具质与量的衣柜空间

创意收纳达人 🌳 贵妇奈奈

要让整体衣柜好用又符合使用需求，最重要的是和设计师密切沟通，事先了解空间条件或限制因素；人气博主贵妇奈奈就和设计师一起成功打造出了实用又兼具质与量的整体衣柜，加上她细心的定位规划，衣物收纳一点儿也不费力。

摄影 / 王正毅

Idea 1

Idea 2

选用透明的塑料抽屉，不仅颜色和空间好搭配，同时也容易辨视里面装的衣物。

Idea 3

成排的侧边格柜区，用来放置体积较大、占空间的配件，例如包袋、长筒靴等；以及设立男士西装区。

将折好的裤子一条条直立摆放，袜子类则统一卷折，这种卷收法能避免袜口松紧部分因长时间撑开而失去弹性。

Idea 4

Idea 5

衣柜侧边的多余空间，可使用吊橱来收纳厚帽衫等上衣，让衣柜空间的使用更多元。

较厚的冬季外套、皮外套等全部收纳在特定位置，下方添置软质收纳盒，放置折叠好的裤子。

Idea 7

Idea 6

可与上层的厚衣物配搭的皮鞋或靴子全放置在同一处；材质较软的靴子可加入纸板辅助直立。

皮带不一定要吊挂收纳，卷好后再放入小型塑料盒，一样能够整齐不乱。

Idea 8

Idea 9

依据个人习惯、好取用的方式来分格
收纳大量 T 恤，以常穿度区分或用牌
子、价钱区分都是不错的选择。

有些人担心 T 恤吊挂久了会在衣物肩膀处
留下痕迹，不妨以折叠方式将 T 恤全部收
纳进成排塑料抽屉中，做好分类。

Idea 11

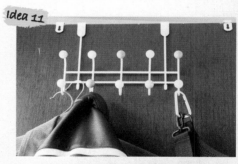

Idea 10

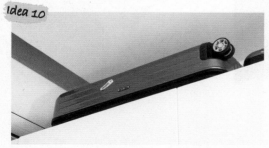

专门和设计师讨论后留下的衣柜上方空间，用来
放置大型行李箱刚刚好，不会占据地面空间。

常穿的外出衣物，可利用房间门板空间来
增加收纳量，只要在门板前方或后方加装
挂架，即可立体收纳。

Idea 12

Idea 13

长时间吊挂容易变形的针织衫、针织背心，只需折好叠放，就能放心地收纳在抽屉中。

更衣室里除了整体柜，还设置了成排抽屉组，用来收纳居家衣物或针织衫。

上层吊挂衣物，下面的三层格柜区同样可以摆放用来搭配的鞋子，方便你思考如何穿搭。

Idea 14

上层格柜区，可放置比较扁的塑料抽屉，将容易散乱的同类配件织品整理在一起。

Idea 15

吊挂衣物的下方，可以放置不同高度的塑料抽屉，依据空间变化进行调整、移动时很方便。

创意混搭用品拼装开放式衣柜

创意收纳达人 🐻 小玫瑰

女孩的新衣总是买不完，想要贪心地全部收纳起来并且好拿取、好整理，是有特别诀窍的。不管是 T 恤、裙子、大衣，还是数量众多的裤袜，甚至小件的贴身衣裤等，只需一个铬铁衣橱加塑料格柜，就能一网打尽全部收纳起来。

摄影／陈熙伦

原本完全没有隔层设计的衣橱下层，特别使用收纳用品将空间进行分格，需要放置体积小的物品时最适合。

小玫瑰特别寻找了平价又超值的塑料格柜来收纳需折叠的衣物，不同类型的衣物全部能够一字排开，不用费力翻找。

使用能够增加吊挂衣物的特殊设计衣架，单个衣架一次就能挂三四件衣物。同时在铬铁架上层外缘，用伸缩杆加上束线带自制超实用的防尘拉帘。

Idea 4

塑料格柜最下方留作储物空间，放置小塑料篮，收纳卷折好的围巾。

Idea 5

用附有把手的网篮收纳莱卡布料的运动衣，只需折成方形就能一件不乱地整理好。

Idea 6

女孩爱买的长项链等配件全收纳在房门后，墙面上装设网片搭配挂钩、S钩，即使数量再多也能整整齐齐。

Idea 7

吊挂区最右侧的细长文件箱组用来放置贴身衣物，直立交叠方式能让内衣罩杯不变形；贴身内裤全部折成小方块，拿取起来不易散乱，也能让收纳数量增加一倍。

Idea 8

Idea 9

为了使折叠的衣物有处可放，不妨利用这类塑料格柜，能依空间大小自由增减格柜数量，同时能用伸缩杆、束线带加装防尘拉帘。

小文件箱的外面，细心地一一标示出了里面放置的衣物，让抽屉内的空间毫不凌乱。

Idea 10

Idea 11

让小文件箱更好用的秘诀，是加放箱中盒，袜子一双一双地整齐放置，不再乱塞。

塑料格柜加设网架，收纳用防尘袋装起来的衣物，充分利用格柜的上方缝隙。

Idea 12

女生必备的打底裤数量多且颜色相似，不易整理，因此小玫瑰将其直立摆放装在小文件箱里。

在纸板上手绘画图注明打底裤样式，是非常实用的方法，便于寻找。

Idea 13

大量T恤或上衣，只要全部折成细长的方形，就能在一格塑料柜中放入三排衣物，即使已往上叠了很高，仍有充分的空间可供使用。

Idea 14

用S钩打造衣物暂置区；不管是放置待洗衣物还是隔天要穿的成套衣物，都很便利。

Idea 15

小巧短裤的贪心收纳法，只要利用一个特殊设计衣架，就能依喜好一次挂放好几件。

Idea 16

在铬铁衣架上层外缘加装多个S钩，并用伸缩杆、束线带、吊环组装拉帘，比一般的衣橱外罩更好用。

活用工具，倍增衣柜收纳容量

衣柜搭配五金拉篮、收纳箱，只要灵活运用空间，收纳量立即就能增加两倍！市售的组合柜、系统柜的格层有时不见得符合每个人的使用需求，这时只要搭配箱盒或衣柜的五金工具，就能创造出专属个人的好用收纳方式。

摄影 / 陈熙伦

上层衣柜是方便拿取衣服的位置，适合吊挂常穿的衬衫或上衣。

透明玻璃制的抽屉让其中放置的各种衣物都很清楚，平铺叠放也没问题。

整体柜的大空格可搭配不同款式的浅色藤篮，将衣物卷好放置，就能收纳更多。

Idea 4

上层空旷的衣柜除了吊挂衣物外，也能搭配盒子收纳小件物品。

Idea 5

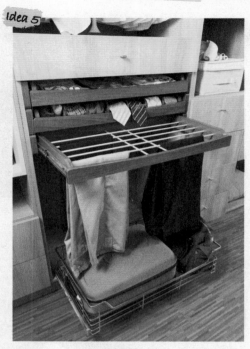

底层的横杆，利用垂挂的方式吊挂西装裤、牛仔裤，最底层还能收纳各式行李箱。

Idea 6

可拉取式的横杆，上层的衣物也不用担心拿不到。

Idea 7

变化丰富、可随意组合的五金配件，让裤子能被随手挑选，避免翻找。

Idea 8

衣柜内层的空间可加装领带架，也可以换成皮带挂钩。

Idea 9

分隔好的收纳柜，男士的领带或内衣裤卷起来平
放，一目了然。

Idea 10

下层抽屉柜，可利用小型分隔盒区分贴身内衣裤
和常穿的T恤。

Idea 11

较浅的下层衣柜，摆放常穿的T恤、上衣，拿取
起来简单、快速。

Idea 12

可爱的T恤可以卷一卷露出图案，放置在拉篮中
方便拿取，也好寻找。

Idea 13

最下层的五金收纳拉篮，摆放大件毛巾或换季的
厚重衣物相当方便。

Tips ·····

为了让衣柜抽屉里的衣物长期保持整齐不
乱，首先要使用良好的折衣法来缩减空间，
还需要有隔层进行分类整理，若没有这类
设计，也可以加入隔板或分隔盒辅助整理。

Idea 14

把藤篮放在衣柜中收纳折好的衣服，要拿取时只要拉一下提把，藤篮就能像抽屉一样被拉出来了。

Idea 15

柜子高处也可配合使用附有拉带的箱子来收纳换季衣物。

Idea 16

在衣柜中摆几个浅色系的藤篮，收纳各类毛巾。

Idea 17

不常用的行李箱或大型棉被可摆放在柜子的高处，要用时再拿下来。

Tips
格柜通常有深度，可以先测量大小，再选购符合尺寸的收纳用品来收纳衣物，不仅整理起来更得心应手，还能避免衣物乱堆乱塞、不易拿取的状况。

Part 5

儿童房

孩子的物品其实不比大人少，有各式各样的玩具、

童书、文具、画具、衣服、包袋等，想带着孩子收拾房间需要一点诀窍，

可以用简单归类和轻松游戏的方式来整理，会更加省力。

儿童房收纳原则速学

选用较深的大型收纳箱收纳玩具

刚开始带孩子做收纳时，首先要带着他们熟练习惯归位的动作，为了让玩具或童书归位方便、容易上手，选用大型箱子、软质网篮或收纳柜，依种类整理玩具，确定出"玩具的家"，帮助孩子了解玩具收纳中的定位规则。

依玩具种类做粗略分类即可

定位"玩具的家"之前，先看看有哪些种类的玩具再分类，例如依照材质软硬，将绒布娃娃、塑料玩具分开放置。或依照大小，将大的模型及汽车分为一篮，小模型分为另一篮；大型过家家玩具一篮，比较细碎的玩具如乐高人偶分为另一篮等。和孩子一同进行分类，帮助记忆，再定位时就会快上许多。

设立孩子作品、奖状展示收纳区

孩子从学校拿回来的手工作品或奖状，不妨为它们设立一个专区进行展示，例如用成组收纳柜摆放等；而纸张类的奖状或画作，可利用房间里的一面墙做展示，或用有分页的 B4 文件夹收纳起来。作品要定期进行淘汰，放入新的就舍去旧的，让展示区保有新创意。

儿童房物品快速收纳

收纳、舍弃孩子的物品不该只是父母单方面做的事，
简化归类的方式，带着孩子从小一起做简单的收纳，
可以帮助培养孩子的学习能力、良好生活习惯以及责任心。

格柜床铺区

床铺上、柜子里甚至是床边地板上，通常布满了孩子的玩具、书籍等各式物品。为了让收纳更快速简便，建议使用大型或透明的收纳箱，或者是居家用品店出售的儿童房收纳柜做简单的分类。着重定位、归位，就能让收纳变得容易起来。

儿童玩具、童书

一次就能收纳多种小玩具，直立摆放在柜子中，看起来十分整齐，而且好拿、易移动。

文件夹

小型的玩具如玩具车、三角板、拼图，可以用文件夹来分类收纳，透明材质便于辨视内容物。

收纳箱

数量多又体积小巧的乐高积木，用有把手又方便堆叠的箱子收纳，就不会一块块地到处乱丢。

帆布收纳篮

体积稍大的玩具、绒毛娃娃，可以用软质帆布篮收纳，容量够大，易于整理。

红酒箱

小朋友的童书种类多，开本尺寸也不一样，用耐重、好移动的红酒箱来统一整理。

网片

将多个网片组合在一起再加装轮子，变成移动式的玩具箱，收纳玩具就像玩游戏一样轻松。

塑料盒

把不要的塑料包装盒割开做成简易笔筒，切口处用胶带贴起来以免割手，将马克笔全部收纳在一起。

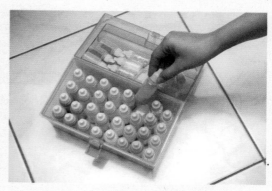

眼药水瓶子

把沙画用的彩沙装在小巧的药水滴瓶中，小朋友玩的时候更方便，沙子也不会再到处乱洒了。

纸箱

小抽屉也能收纳DVD或游戏光碟，每个物品都有适当的放置处。

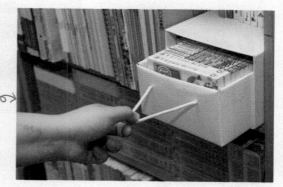

用纸箱做个小抽屉，小开本的书可以放在里面，空间利用刚刚好。

纸盒加磁铁贴条

不要的录影带盒背面贴上磁铁贴条，做成可以吸附在白板上的收纳盒。

可以随意吸附在白板上，方便收纳小纸条、零散的资料便条等。

衣柜区

　　儿童衣物的体积小，数量又多，不容易折叠和收纳，不妨使用简单折法和卷折法，再加上有格子的收纳用品来辅助整理，纳入衣柜抽屉或收纳柜时，就不容易散乱了。

儿童衣物及袜子

比较小件的背心或是打底裤、裤袜类，都可以卷折起来再放入同系列的分格盒里，快速又不乱。

分隔盒

吊挂衣物其实也有学问，中间挂放小短裙，两侧放长一点的衣物，让下方有空余空间摆放可搭配的收纳用品。

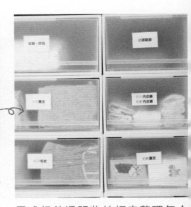

收纳柜

如果衣柜没有吊挂空间，容量大的收纳柜还能塞下孩子的厚外套。

用折衣板折好的衣服，能整齐放入塑料收纳柜的抽屉中，以直立方式统一摆放。

用成组的透明收纳柜来整理每个孩子的衣物，贴上标签方便辨认。

Plus!
儿童衣物吊挂技巧

创意收纳达人 🌸 宅妈

NG!

三件厚衣物吊挂成一排时，底部占据的空间较宽。

NG!

上半部只利用了1～2件衣服的厚度，空间上会造成浪费。

省空间的吊挂法是在两排吊挂的衣服中间，再补上一件衣服。

补上衣服后，整排衣服上下的厚度就一致了。

比较轻的衣服，可直接使用捆绑电线的束带来进行吊挂。

Plus!
儿童 T 恤速折法

创意收纳达人示范 柔柔

先将T恤整个摊平。

把两侧的袖子往内折。

把T恤两侧再往中间折叠。

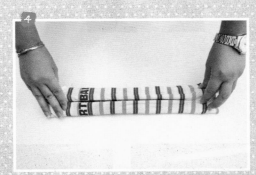

折好后,再往内折叠一次,使其变成长条形。

将T恤下摆朝衣领的方向往上卷。

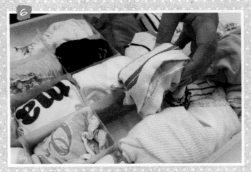

最后收纳在有分格的塑料盒中。

Plus!
儿童裙装速折法

1 先将小裙子整件摊平。

2 再把两侧袖子向内折叠。

3 然后把小裙子两侧往中间折叠。

4 将小裙子下摆朝衣领的方向往上卷。

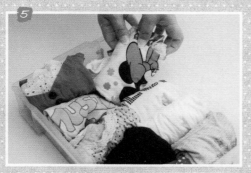

5 最后收纳在塑料盒中即可。

创意收纳达人示范  晓谦

先将短裙一侧向中间折，再压上小折衣板。

把短裙另一侧也往中间折，盖住小折衣板。

将短裙多出来的地方往中间收。

把小折衣板抽出，压在短裙上半部，量好要折叠的位置。

从刚才的位置再往下，放上小折衣板，量好要折叠的位置。

一手压住小折衣板，将多出来一小截的短裙下摆先往上方折。

拿掉小折衣板，压住短裙下摆处的地方。

最后将短裙的上半部往下，和裙子下摆处叠在一起之后，再反过来即可。

Plus!
儿童裤袜速折法

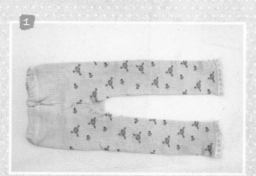

先将裤袜整条摊平。

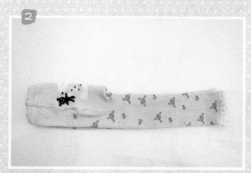

将裤袜对折。

将对折好的裤袜的裤裆处往内折。

从裤脚处往上方卷折即可。

最后将裤袜同样收纳在分格盒中。

Tips

利用超快速的卷折法，加上多格子的塑料收纳盒，就能将小朋友的衣物全部整理得清楚整齐，体积小、数量多也不成问题。

Kid's room 🏠

好创意！儿童房收纳实践术

看看对收纳很有想法的妈妈们如何为小朋友的房间以及衣柜衣物做聪明收纳，利用物品定位的方式，带领孩子一同轻松收纳吧。

折衣法加盒子，高效收纳儿童衣物

创意收纳达人 柔柔

　　柔柔妈妈为女儿的房间定做的瘦长型衣柜，高度直达天花板，仔细考虑到日后的使用便利性，在设计上事先想好了所需的格层，再加上善用收纳用品及衣物速折法，完美地收纳了大量儿童衣物。

摄影 / 陈熙伦

Idea 1

推拉门后的格柜高度很高，可以向上争取空间来使用，主要用来放置大型被褥和平时较少用的生活杂物。

Idea 2

抽屉里收纳的衣物主要是不怕皱的类型，全部统一折成符合抽屉高度的长方形。

Idea 3

吊挂衣物其实也有学问，中间挂放小短裙，两侧放长一点的衣物，让下方有空余空间摆放搭配的收纳用品。

Idea 4

衣柜右侧是吊挂区，规划成上下两区，专门吊挂厚外套、不适合折叠收纳的长裙等，下方区域保持空白，避免衣物爆量同时，能让内部空间看上去更清爽。

Idea 5

一件一件直立摆放并让图案露出来，好找、好拿、好收，而且不会让衣物变乱。

Idea 6

依据季节分类整理衣物，春夏的薄衣物折成小长方形，秋冬的厚重长袖折叠好，分区分类摆放。

Idea 7

T恤类也可以卷折收纳，分类放入不同类型的收纳盒中。

其他非衣物的织品则用更小型的收纳用品来收纳。

衣柜里总有一些小空隙，柔柔妈妈将其妥善利用，把不常穿的衣物套上保护袋，放置在深处的小空间里。

Idea 8

亲子必学的儿童衣物分类术

创意收纳达人 Lisa

让孩子从小养成随手收纳自己物品的习惯，有助于孩子分类规划自己的空间，更有效率地处理事情，在这些小地方可以将孩子训练为"小帮手"，养成帮忙做家务的好习惯。

摄影 / 陈熙伦

Idea 1

衣柜最上方是儿童包放置区，直立摆放书包，或摆放装学校物品的袋子。

Idea 2

利用小衣架，训练孩子学会分类挂放自己的衣服和裤子。

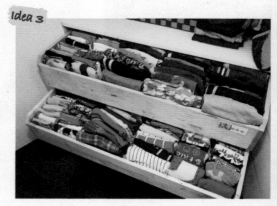

Idea 3

抽屉柜贴上小朋友的名字，兄弟姊妹的衣服不会搞错，较低的抽屉也能训练小朋友自己拿衣服。

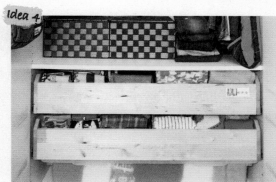

Idea 4

衣柜下方的抽屉，摆放叠好的儿童衣物时，露出图案直立收纳才方便寻找。

Idea 5

较低的收纳篮也能增加小朋友自己收拾玩具的意愿。

Idea 6

门板上加装挂钩，可让小朋友自动自发地一回家就把书包挂好。

Idea 7

用不同颜色区分小朋友的玩具箱，借此学习分类摆放的概念。

空间零浪费的箱中盒收纳法

创意收纳达人 🐾 廖家慧

用不到的纸盒及牛奶盒、平价的三层柜都是好用的收纳工具，加点小技巧将它们变成儿童房的收纳用品，并以"箱中盒"的概念来规划分区，即使不花钱也能将收纳做到位。

摄影／陈熙伦

柜子下方收纳换季的被子，有门板，关起来就不会脏。

好客的家慧常请朋友到家中玩，房间一角的抽屉柜里就放了许多朋友来时与孩子们一起玩耍的小礼物。

女儿们的房间没有衣柜，在床尾靠墙处放两个柜子收纳房中物品，兼做手工作品的展示区。

看出墙壁的不同了吗？墙上装了接合板，就像服装店的展示墙一样，可以轻松装上挂钩吊挂物品，是超省空间的收纳巧思！

Idea 5

原本是上下铺的床架，变成了孩子们玩耍攀爬的好地方。上层床架的底部安上滑轨，再装上窗帘挂钩，挂上布帘拉起来，床架下方就是孩子们的秘密基地了！

Idea 6

床架下方的书柜是三层柜横放叠成的，把从商场买来的彩色点心盘装在门板上，房间的颜色就丰富起来了。

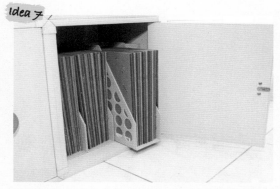

Idea 7

柜子里的书用文具架分隔摆放，拿书时就不怕东倒西歪了。

Idea 8

柜子底下打通的空间更易运用，收纳箱整齐地排在一起，便于收纳整理。

Idea 9

抽屉里也要分类，牛奶盒、小纸箱都是抽屉分隔的好工具，环保的同时也能收纳。

Study

Part 6

书房

成排的书墙、宽敞的桌面空间，是不少人对于书房的想象及向往，

为了在书房休息、看书或想事情时能更加轻松自在，不妨运用轻松的收纳术，

打造一处完全属于自己的能沉淀心灵的空间。

书房收纳原则速学

不浪费书柜内的高度

　　如果家中是一体柜或定做的柜子，规划书籍摆放时需依照书本尺寸调整层板高度，以免在书籍上方又随手横放书本。若是不可调整的层板形式，不妨在柜中拧上螺丝，放置网片或耐重的板子，自制分格，同样能帮助你不浪费书籍上方的空间。

善用收纳用品，让桌面台面更干净

　　在书房里阅读、工作或是做手工都必须有宽敞的桌面，用瓶罐或市售小收纳柜、收纳盒，将文具、手工材料、工具、文书资料分类放在桌面上或抽屉内。用简单的定位整理让你的台面空间变大，才更好做事。

定期淘汰书籍杂志、文书资料

　　书籍杂志、文书资料的累积速度和数量总是十分惊人，定期挑个时间做断舍离吧，毕竟纸类的东西放久了会发黄或是被虫蛀，不利于书房空间的整洁度，而且简单地进行盘点丢弃，能让你纳入更多新资讯。

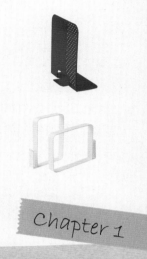

Chapter 1

书房物品快速收纳

书房里的物品，除了大量的书籍杂志、文具文书，
还有不少人会在这里放手工材料、布料等，
试着用收纳用品来做整理吧，打造出方便使用的工作空间。

书柜区

　　书柜里的书总是容易东倒西歪，或是书籍上方有剩余空间时就会随手乱塞。利用书挡或隔板来辅助收纳可以让你抽取书籍时不易倾倒，同时也要调整层板高度或加装隔板，让书籍上方的空间被有效利用，避免书柜中的书总是被乱塞而拿不出来的窘况。

书籍杂志

层板专用书挡

特殊设计的层板用书挡，能直接固定在书柜层板上，方便移动的同时能让你抽取书本不易倒。

木头碗架

用木头碗架来代替一般制式的书挡，收纳小开本的漫画刚刚好。

纸质文件箱

成堆的A4大小书本，可横放入这类纸质文件箱，拿取容易，整齐有序，瞬间让书柜变清爽。

附把手网篮

放在书柜高处的书，可以用附有把手的塑料网篮收纳，取阅时比较不费力。

不织布收纳盒

不织布收纳盒颜色众多，除了收纳书以外，还可分类收纳不同的物品，不会混乱。

在书柜里放多个不织布收纳盒，方便一次抽取整盒书籍而不怕乱。

在收纳盒上贴标签注明书籍种类，找书籍杂志时会很方便。

不织布收纳盒除了收纳书，还可分类收纳笔记本等。

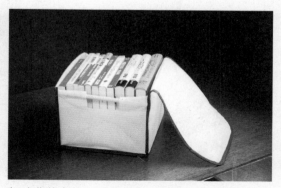

布质收纳盒

布质收纳盒除了附有防尘盖，还有便于抽拉的木杆，移动、整理都很便利。

把珍藏的书籍、漫画等装在有盖的收纳盒里，书就不怕沾灰弄脏了。

CD 光碟

网片加网架

用法多元的网片可装在CD柜侧边，加上多个网架就能更多地收纳CD。

加装这种收纳架，在柜旁一次设置好几个，收纳空间立即变多了。

碗盘沥干架

碗盘沥干架也能用来收纳CD光碟，轻松收纳的同时还有展示功能。

不织布收纳盒

在书柜下方的空间中放置有把手的收纳盒，摆放较重的字典等书籍，方便拿取及移动。

木盒

和光碟差不多宽的木盒，可以用来收纳单片的光碟。

桌面台面

文书资料、文具、手工材料若能统统进行简单定位，就能让书房的桌面或工作台面更清爽，忙碌时就不必再烦心翻找资料和所需东西了。成组的小收纳柜是不错的选择，将物品收纳在视线可及之处，工作时就会顺手好拿取。

文具

文件箱

一个多层的文件箱，能一次将不同种类的文具小物分格收纳好，易于定位。

小型文件箱除了可以分类整理多种笔类之外，还能放置其他类型的文具。

铁罐

利用铁罐收纳色彩极丰富的彩色铅笔、水笔，即使数量再多也能收得整整齐齐。

藤篮

文具、计算器这类更小的用品，分类放在篮中再收纳，让抽屉井然有序。

藤篮也是收纳文具的好容器，能帮助你分类收纳各式各样的笔类工具等。

玻璃瓶

市售的许多平价彩色玻璃瓶，可以用它们来收纳桌面文具，简单又有装饰效果。

玻璃瓶、布丁盒也能当作笔类物品的"家"，长短不一的彩笔都能收纳齐。

挂架

便笺纸这类小型、易弄丢的纸制品，一一分类放在墙面的网架上。

网片上还能加装塑料篮，收纳大量的笔，让收纳的可能性变得多样化。

纸盒、塑料盒

用纸盒或塑料盒当隔层，可在办公室或家中书桌的抽屉里放置多个。

不同材质的线或缎带，用小塑料盒分类，同样收纳进抽屉里就不显乱了。

资料发票

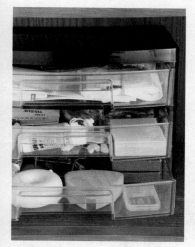

文件箱
有分层的文件箱能帮助你整理收据发票、小型文具等，透明材质有助于辨认内容物。

纸编小篮
每个月定期收到的缴费单或信件资料，用大小合适的篮子来整理分类。

为大量发票设置专属的家，只需摊平放置在篮内即可，再也不必烦心不好整理。

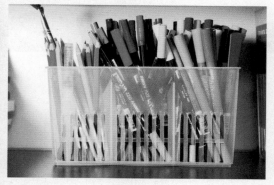

收纳盒
大量的彩色笔，分门别类，统一摆放在有分格的收纳盒中。

网片
不占空间的网片可以装设在各种地方，让你随手就能收纳单据。

Tips
信件、收据、水电缴费单、广告单等文书数据种类杂、数量多，为避免遗失重要资料或超过缴费期限，最好分类进行整理，定期检查淘汰，并用小型收纳盒收纳，设立专属收纳区，让数据清楚不乱，更好翻找。

 Study

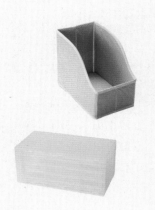

好创意！书房收纳实践术

许多人都梦想有一间专属书房，一同看看达人们如何发挥巧思
对书籍、文具甚至手工材料做有系统的分类收纳，
并运用颜色和素材塑造兼具布置感和实用性的完美书房。

极简白调的书房收纳美学

创意收纳达人 Rainbow

Rainbow 和 Charlie 夫妻两人共用的书房里，主要采用白色收纳柜和书柜，搭配上同色系的收纳小柜、书挡，将文具、手工材料或工具全部清楚分类，以空出整个桌面方便使用，成功打造出净白、美观的完美书房。

摄影 / 王正毅

Idea 1

Idea 2

Idea 3

抽屉柜中也有收纳小巧思，纳入分隔片和防尘用纸巾就能将女主人的文具、手工材料等分类整理好。

用四个书柜来收纳男主人最爱的漫画书，特意让书柜不顶到天花板，避免造成压迫感。

利用简约风格的无印良品收纳柜来整理文具，易堆叠，同时能减少桌面杂物。

Idea 4

Idea 5

Idea 6

文具、发票收据、各式各样的重要资料都能极顺手地分格收纳整理，拿取起来超方便。

IKEA购入的特殊设计书挡，方便固定书本，即使随手抽取阅读也不易左右倒。

实用工作室的藤篮收纳术

创意收纳达人 MIMI

　　MIMI 使用乡村风的方形藤篮和木质格柜，打造出了甜美可爱又蕴含收纳巧思的工作室兼书房，容量很够的大藤篮便于收纳手工布料，而木格柜就用来展示书籍，实用又充满个人风格。

摄影 / 陈熙伦

Idea 1

深一点的篮子可摆放较大的物品。

Idea 2

做包剩下的布料折好后放在篮子中，花色清楚好拿取。

Idea 3

布料收在乡村风的藤篮中，好看又能简单拿取。

Idea 4

利用包型的藤筐摆放绿色小植物，装点空间。

Idea 5

布艺用的烫马，中间的空格可放入藤篮收纳物品。

巧用隔板让书籍收纳量倍增

创意收纳达人 🏠 DOS

　　DOS 的书籍很多，为了让柜子能一次收纳大量的书，巧妙地使用隔板来做分隔，不仅收纳量变多了，拿取时也不易倾倒，十分便利。此外，还用了伸缩杆加布料自制防尘又美观的布帘，让收纳升级加分。

摄影 / 陈熙伦

Idea 1

书的大小较平均时，可在其上放置较重的物品，利用纸盒或藤篮收纳更整齐美观。

Idea 2

若书籍过多，也可安装伸缩杆，挂上素色布，让整体外观更清爽。

Tips

利用相同规格的横式信封，堆折成收纳各式账单的收纳夹，就不怕账单到处乱放找不到！

首先将信封袋的盖子往后折。

将第二个信封的盖子放入第一个信封内。

放好后一样往后折，其余信封都重复2、3的动作即可。

最后用胶带固定信封下部，就可以用来收纳各式账单了。

Idea 3

书的大小不一时，层板上的东西就要轻一点，或是放大小相容的盒子，增加支撑点。

Idea 4

坏掉的衣架横放在柜子上，可以挂上耳机、发箍等物品。

Idea 5

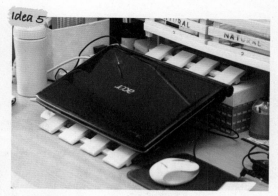

把木板斜放在桌面上，就是简易的笔记本电脑散热架。

Idea 6

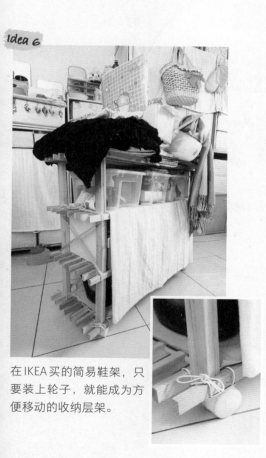

在IKEA买的简易鞋架，只要装上轮子，就能成为方便移动的收纳层架。

Idea 7

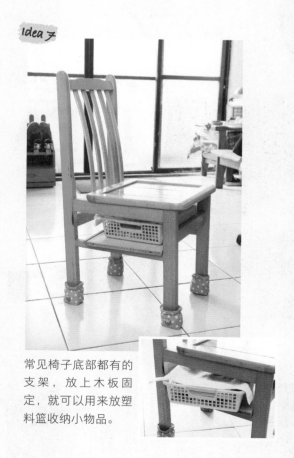

常见椅子底部都有的支架，放上木板固定，就可以用来放塑料篮收纳小物品。

北欧风特别企划

好想住进
IKEA 的家

餐厨、卧室、浴室及其他空间
收纳／布置

摄影 / 王正毅
场地拍摄协助 / IKEA House

Mix&Match！北欧风的收纳布置术

提到居家风格的塑造，北欧设计一直是深受许多人喜爱的类型，其素材能给人带来温暖感，视觉上能简约，也能缤纷多彩，同时兼具实用性。然而许多人尝试把北欧风纳入自己的家时，却会受到既有的居家摆设限制，即便用心布置、选用家饰，仍觉得协调感不足。

不妨从家中的需求开始发散思维吧！其实，只要选对了素材、颜色、灯光、家具，再对应解决物品收纳的困扰，任何人都能轻松在家打造令人向往的北欧风，住进很有 IKEA 氛围的家。

Q 如何让家中布置具有北欧风的温暖感？

A 先从"原木""灯光""风格家饰"三方面着手。比如，北欧风的最常见素材是木头、织品等，建议选用能抓住主视觉的大型木桌、整体式木柜，以木元素为基底，再选用小物件搭配。而织品能软化空间的冰冷感，例如运用大块的地毯遮盖瓷砖地面，或是依季节更换不同质地、色系、织纹的寝具，不论在视觉还是体感上，都能感受到温暖。

而选择多样的灯具，能进一步改变整体空间氛围，除了普遍式照明，也可以加上"功能性"和"装饰性"的灯具，混搭不同属性的光源，营造出富有变化的氛围感。

Q 厨房、卧室物品很多，如何兼具质和量地做收纳？

A 针对东西多、易杂乱的空间，选用同色系又好搭配、组合的一体橱柜是不错的方式。为达到最大的收纳效益，需要搭配收纳用品进行整理，依照物品使用率来安排，展示常用的小型物品，隐藏占空间的大型物品，这样就能避免东西找不到或被遗忘在角落的情况。

Q 家里的收纳空间小，如何选用辅助用品？

A 只要抓准"墙面收纳""开放式柜体""一体柜活用"的原则即可。比如，在墙面上装设壁挂杆，搭配收纳挂架、层板层架或是小型的储物柜，即是不落地、省空间的展示型收纳；或选用开放式的柜体搭配储物盒，就能成为既有通透性又能将物品收纳整齐的小隔间；另外，选用能够依照个人使用需求任意组合的一体柜，不但满足收纳需求，也能搭配出别具个人特色的收纳组合。

顺手好用的厨房来自你的使用习惯

　　为体贴烹调者，应该尽量腾出料理台面的空间，并将常用的厨房工具、食材调料都放在柜子里或墙面上，料理时才能更顺手好找。由于每个家庭的厨房习惯和需求都不同，建议选用一体柜，例如IKEA的"METOD"系列，做更深入的收纳规划，再搭配不同尺寸、设计的收纳盒，让小型厨具易归位、不凌乱。

餐厨空间

✕

IKEA

吊杆搭配方便收纳
用的小物件，集中
收纳各种尺寸的厨
房器具。

常用的干货或香料
放进小型收纳盒防
潮，收纳在有磁性
的收纳架上，再也
不用翻箱倒柜。

point 1	选用清爽百搭的白色或大地色系的一体柜
point 2	常用的厨房道具需展示收纳
point 3	运用一体柜做组合变化

透明可视的收纳容器，有助于记忆食材用量和新鲜度，更具有美观缤纷的装饰功能。

选用有透明感的收纳容器

与其把食材置于橱柜中放到过期，不如一字排开，成为好看的厨房风景。

抽屉里的排列游戏

即便是不同款式的收纳盒，组合在
一起也很有趣，例如便当盒也能是
收纳盒，可帮助收纳零散的小型厨
房用品。

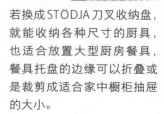

不论是橱柜或抽屉，收起来的地方总是容
易乱。选用不同尺寸的收纳盒做整理，物
品就能准确定位。

若换成STÖDJA刀叉收纳盘，
就能收纳各种尺寸的厨具，
也适合放置大型厨房餐具，
餐具托盘的边缘可以折叠或
是裁剪成适合家中橱柜抽屉
的大小。

橱柜转角常是收纳死角，但是只要规划好隔层，就能聪明地运用空间；或者可以安装外拉式转盘，即便是转角区域，也能方便寻找物品与拿取使用。

更细致体贴的收纳可能

除了基本款的一体柜之外，也可以用厨房推车收纳使用率高的烘焙用具，能够根据平日的使用需要随心所欲地移动，同时打造出开放式的收纳空间。

想在厨房里自如烹调，贴心的身侧厨房推车能跟着你移动到各处，补充台面空间不足的问题，也可以暂置在角落，是小空间厨房的收纳好物。

收纳配件＋盒箱＋织品，
打造舒适卧室

在卧室空间里，最重要的是温馨气氛和舒适感，这样才能让人好好静心休息。选用原木色的柜体、地板作为整个空间的基调，并选用不同功能的照明，各种光线的折射会让气氛变得很不一样。此外，依个人喜好，可适度安排小型家饰摆设或是装饰性照明，例如有设计感的灯具，为卧室增添亮点和趣味。

point 1	选用原木色一体柜加上不同收纳配件
point 2	活用箱盒，提升柜内整齐度
point 3	另外增添灯具与织品，营造温暖的卧室气氛

卧室空间

IKEA

希望一体柜好用，就要依据自己的收纳需
求做规划，不论是抽屉、格柜、吊挂区，
还是拉篮，都能组合在一起，收纳不同衣
物；多出来的小空间里，还能加进颜色比
较跳脱的居家饰品，例如小型衣架等。

一体柜的好处之一，就是能符合自
己的需求，让房间转角也成为衣柜
的一部分，并以镜子代替门板，既
有功能性又有放大空间的视觉效果。

进驻更多的聪明收纳配件

收纳盒能解决深型柜体内部易乱的问题，选用有把手的收纳盒，辅助整理柜内的衣物，也可用来放置小件织品或毛巾。

运用透明玻璃让抽屉第一层变为饰品配件的展示区，再配搭不同尺寸的外拉式收纳盘，可整齐收纳太阳眼镜、手表和其他饰品。

在衣柜下层设置挂杆，外拉式的设计不仅不占空间，更能让裤子立体收纳，不怕折痕。

滑动抽拉的金属篮也是很好的收
纳帮手，依据柜体大小和颜色，
选用喜欢的金属篮吧。

化妆台或层板材质的选择若和衣
柜同样是大地色，整个房间就能
洋溢着温润感。

对空间的想象
决定个人品位

　　家中的任何一处都是可以发挥想象将个人喜好与实用收纳结合起来的地方。想让自己家更有个人风格，可以灵活选用有个性的装饰品，加上不同角度、亮度的照明打光，就能创造出独属于个人的舒适空间。此外，稍微改造一下居家收纳用品，有创意地规划立体收纳、点缀，在收纳的同时，为各个空间提升品质感和层次感。

隔热垫只能放在桌上吗？它也能做成墙面装饰，变成备忘板和收纳架，把玩心放进生活里，变为更多可能。

客厅的收纳柜也可以选择设置在墙面上，不仅节省地面空间，更能运用墙面让不同尺寸、深度的柜框相互交错，再搭配不同颜色的门板丰富视觉层次，让空间看起来不那么拥挤，同时保有展示与隐藏收纳的功能性。

其他空间

point 1	选用小型家饰摆设、装饰性照明创造氛围感
point 2	简单地改造居家物品，想象更多的使用可能
point 3	活用墙面，立体收纳

利用开放式柜体打造半开放式的空间，"轻隔间"不仅能保有隐私，同时是展示收纳的方式，另外加上收纳盒才能更加整齐。

可设置在墙面上的小型层板也是省空间收纳的必备选项，不想放置东西，那就摆放画作或照片，为空间增加一份情调。

既是镜子也是柜子的设计，能把容易受浴室湿气沾染的物品全隐藏起来，是节省空间的好方法。

如果空间小又想做装饰，不妨选择小木箱来当柜子，整齐排列或自由散置在墙面上，墙面马上就有了可爱的表情。

为居家空间增添一点绿意吧！绿植不一定放在窗台，也能置于家中某个墙面上，让家更有生气。

北欧风的布置灵感！

❶ 尝试北欧风的第一步，可以找一面能布置的墙，从它开始实践对家的感觉！换个颜色，或加上层板、吊杆、装饰品，从小地方着手会比较容易。

❷ 除了既有的家具，有时手工制作或改造一些小物纳进家中，也是北欧风的特色之一，在空间的布置上，或许会有意想不到的效果。

图书在版编目（CIP）数据

收纳完全指南 / 收纳 Play 编辑部著. –– 南昌：江西人民出版社，2020.4

ISBN 978-7-210-12084-1

Ⅰ.①收… Ⅱ.①收… Ⅲ.①家庭生活—指南 Ⅳ.①TS976.3-62

中国版本图书馆 CIP 数据核字 (2020) 第 029911 号

收纳完全指南

作者：收纳 Play 编辑部
责任编辑：冯雪松　特约编辑：俞凌波
筹划出版：银杏树下　出版统筹：吴兴元
营销推广：onebook　装帧制造：墨白空间
出版发行：江西人民出版社　印刷：北京盛通印刷股份有限公司
720 毫米 × 1030 毫米　1/16　13 印张　字数 80 千字
2020 年 4 月第 1 版　2020 年 4 月第 1 次印刷
ISBN 978-7-210-12084-1
定价：49.80 元
赣版权登字 -01-2020-6